时代精神 Spirit the time

三联国际

JP International

由北京、香港和上海三联书店共同创办于2012年，致力整合大中华地区资源，打造具国际视野的多元文化传播平台。

Co-founded in 2012 by JP of Beijing, Hong Kong and Shanghai, JP International is dedicated to the establishment of a diversified communications platform with an international perspective through the aggregation of resources in the Greater China area.

建筑是一座城市的外衣，
也是城市文化的容器，
更隐约透露这座城市的内涵，
盛载历史也记录变迁。

阅读香港建筑

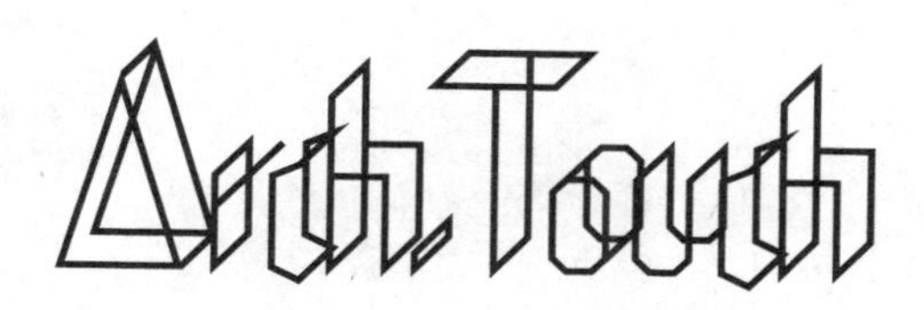

建筑游人／著　建筑游人 陈润智／摄

三联书店

Preface 1 /

建筑表现城市内涵

一九九五年的夏天，我到美国芝加哥做城市设计研究，参加过一个当地的建筑导赏团。芝加哥城高楼密布，大部分都是优秀的历史建筑。一个年轻导游边走边讲，把每幢大厦的历史、建筑风格、建筑师名字等娓娓道来，非常专业。我不禁问："你是建筑师吗？"这个年轻人礼貌地答："噢，不，我们只是对建筑有兴趣的市民。"平民百姓都懂建筑，怪不得这座城的建筑物都这般优秀。

一九九九年，又是一个夏天，我到西班牙巴塞罗那游览。西班牙建筑师安东尼·高迪（Antoni Gaudi）的作品都是游客必到的景点。著名的有圣家教堂（Sagrada Familia）、桂尔公园（Park Güell）、巴特洛公寓（Casa Batlló）和米拉公寓（La Pedrera）等。每一件都是如雕塑般令人感动的艺术品。有一天，我站在米拉公寓门前，忽然愣住了。凝望着眼前的建筑，内心不禁惊叹："建筑本来就是艺术，怎么自己身为建筑师，竟然忘记了？"

巴塞罗那人都为高迪和他的建筑引以为傲。香港人，又认识多少个香港建筑师？

二〇〇〇年，笔者初执教鞭，在大学教建筑，教的一门课，很闷，叫 Professional Practice（专业实务）。还记得，有个高个子学生，每堂课一定坐在前排，非常留心，且从不迟到早退。一年后，他去英国上学了。这个学生，叫 Simon（许允恒）。

十年后，再碰上 Simon。那一天，他忽然跟我说："你当年教的，我还记得。第一课，你讲 Integrity（诚信），最后一课，你讲 Dream（梦想）。"

对，做建筑师，就要有梦想。但现实世界是，香港建筑师像厨子，没法煮出主人不吃的菜式。在香港，楼很多，但可堪称"建筑"的，却绝无仅有。随处可见的屏风楼、发水楼、蛋糕楼、玉米楼，和那些云石水晶灯高档会所豪华大堂，都不是建筑师的梦想。

一个城市有多少创意，跟市民对建筑的认识和对建筑设计素质的要求息息相关。社会懂建筑，懂欣赏，便有要求，建筑也会愈来愈优秀。

这本书，带大家游走香港，听 Simon 讲关于建筑的故事。这本书，也是 Simon 实践他建筑梦想重要的一步。

—

吴永顺
注册建筑师
香港建筑师学会副会长（2005 – 2006）
香港城市设计学会副会长
专栏作家

Preface 2 /

建筑是文化的容器

阅读建筑，解构建筑背后的因由和故事，能让我们更明白过往的历史，了解个中因为经济、技术、文化等无形的塑造力后出现的成果。怪不得阅读建筑是那么的有趣味，原来背后有着不为人知的故事，包括理性与情感的组合，亦令我们对今天有反思。

二〇一三年的香港，经历了“九七”的转变，二〇〇三年 SARS 的一役。新一代的香港年轻人在这改变后的时代开始探讨自己的身份、自己的定位，开始关心生于此的本地历史。这是个重新认识自己的年代。

此书亦让我们能从阅读解构建筑中认识自己。作为香港年轻的设计师，Simon 有宽阔的眼光，以浅易的文字和大家分享城市中的建筑。从阅读中，让我们进入建筑之内，从有形进入无形之处，让我们有更深入的理解及谅解。

“一即一切，一切即一。”从建筑的入点看到全面。因为一切都是一个网络，一切都是有关联。建筑不只是建筑物，它亦是文化的产物。原来，我们香港的建筑有德国 Bauhaus（“包豪斯”）、Art and Crafts Movement（“手工艺运动”）、Baroque Style（“巴洛克风格”）等的影响。看来这个世界是没有界限的，是互相不断地影响。走到街上，看看我们的城市。我们看见了自己。

阅读此书，亦让我看见一位土生土长的香港年轻设计师的梦想，要分享他的所知所见。很高兴 Simon 有这个抱负，把他的理想付诸实行。在此亦希望将会有更多由香港建筑师撰写的与建筑有关的书籍，与大家分享。

—

陈翠儿
AOS 建筑事务所
百年香港建筑主席（2004 — 2006）
香港建筑中心副主席（2006 — 2008）

Preface 3 /

Hong Kong Architecture

Hong Kong has gone through a period of rapid growth in the past twenty years. During this time, it has propelled itself into one of the most forerunning cities in the world. To couple with this new found prosperity, the local architectural scene has also entered into a new phase of innovation with bigger and more complex developments. New ideas and technologies were brought in. At the same time, world renown architects started making their marks locally as well, giving the city a whole new appearance with an ever changing skyline. Amongst these buildings, some of them really stand out and leave a strong impression on the general public.

Without people realizing it, our lives are very much affected by this new breed of building design in the city. They do not just merely provide a place for us to live in or work , they are also reshaping our living habit and changing our perception of things. Their very existence inevitably represents the life style of our current generation.

We walk by hundreds of buildings every day and we mostly judge them by their looks and their functional convenience. But they are more than just that. Each building is an end product of countless hour of hard work and careful design considerations from the architects and builders. These considerations may not be all technical, but can also be due to Fung Sui, historical and political reasons. Like a human being, each building is different and has a story of its own.

I am sure the reader will enjoy as much as I do reading this book. Every building is unique. Through a humorous and light hearted approach, the reading is both easy and informative. These insights will provide an extra dimension for the appreciation of these wonderful iconic buildings in Hong Kong.

—

Alex Lau
Deputy Managing Director
Wong Tung Group
Architects & Planners

Preface 4 /

建筑中的
有形与无形

记得十多年前跟从陈老师和吴老师学习建筑时，他们引用一个经典图像实与虚（Solid and Void）来解说建筑理论。从图像中，你们所看到的是两个人头还是两个花瓶？答案是两者同时存在。

他们所解释的意念是建筑师不只是设计建筑物，而同时创造了建筑物之间的空间。又或者可以说，建筑师不只是在图纸上画一道墙，而是画了墙与墙之间的空间。建筑物是有形的（Tangible），空间是无形的（Intangible），建筑师需要同时考虑人类对实体与空间的需求，甚至更多无形的事情。

十多年后重遇两位恩师，记起他们的教导，对建筑又多一层体会。建筑又何尝只是实体与空间的关系，当中包括文化、历史、经济、政治、权术、法例、美学、工程、环保、风水、人文生活等层面。大家看到的建筑物虽然是死物，但是建筑背后带来的威力是无形的、无限的。香港的山脊线、维港两岸的景色，一个小区的面貌、一条街道的空间，人类生活的网络，甚至香港的法例都可能因应个别建筑物的出现和消失而作出了永久性的改变。

我作为土生土长的香港人，希望用不同的角度和层面来与大家分享香港建筑物背后的故事，亦希望借此能提高大家对香港建筑空间的认知和欣赏。

—

建筑游人

CONTENTS

CHAPTER 3

建筑＋历史宗教
HERITAGE & RELIGION

CHAPTER 4

建筑＋商业都市
COMMERCIAL & CITY

CHAPTER 5
建筑＋空间环境
SPACE & ENVIRONMENT

CHAPTER 1

建筑

＋

工程设计

ENGINEERING

&

DESIGN

CHAPTER 1

1.1
违反香港建筑设计常规

中国银行大厦

香港寸土寸金，每座建筑物都会尽用每一分、每一寸的土地，建筑设计亦自然应发展商的发展方案修改。不过，在香港金融核心区中环，则出现了一座完全违反常规的摩天大厦——中银大厦。

香港商业大厦一般是高层的租金比低层的贵很多，中银大厦的情况就更加明显。中银大厦高层的单位属全海景单位，而低层的单位全部面向停车场或相邻大厦，所以照理说，中银大厦的规划应该是尽量保持高层数的建筑面积，而绝不是出现上窄下阔的情况。再加上，一般商业大厦的转角单位（Corner Office）应有较高的价值，因为这处可以享有两边的海景和阳光，但是中银大厦为何会把上层单位设计成“三尖八角”的空间，白白浪费了不少高价值的转角单位呢？

难道建筑大师贝聿铭漠视商厦建筑的投资回报？

反常规设计

贝聿铭其实不是没有考虑资金问题，这反而是当时首要问题。当年中国银行给予贝聿铭的要求就只有两个：希望这座大厦成为一座地标性的建筑，最好是全香港最高的大厦[*]，至少也要比邻近的汇丰总行高；建筑成本要控制在十亿元（港元，下同）之内。

〔*〕中银大厦楼高三百一十五米，加楼顶两杆的高度共三百六十七点四米。在一九八九年至一九九二年为全香港及亚洲最高的大厦，现为全港第四高的大厦，而目前全港最高大厦是位于西九龙的环球贸易广场。

用十亿元来发展这种规模的建筑项目案例其实相当少，但在解决资金的问题之前，就先要解决可建建筑面积的问题。中银大厦所处的这片地四面都有道路，在建筑法例下属 Class C 的地盘，即地盘四面都有至少四点五米阔的行人路，在这条法例下，大厦每层的发展面积便被压缩了。再加上这地盘的地积比很低，即是总可建面积不多，可建层数亦不多，因此尽管当时的航空条例已放宽楼宇高度的限制，但要达至全港第一高楼的要求却一点也不容易。

贝聿铭的做法其实很简单，就是减少整座大厦的占地面积，然后分阶段减少楼面面积，把大厦的层数拉高至七十层 ***pic. 1***。我们可以把中银大厦的占地空间看成一个正方形，以对角等分成四个三角形，每个三角形的高度递增至某一个层数。就如现在的中银大厦，最高部分的楼面形状是一个三角形，第二高部分是两个三角形，第三部分是三个三角形，最低那部分是正方形。你会发现中银大厦一至十七楼的平面面积是百分之百，十八至三十楼的平面面积是百分之七十五，三十一至四十三楼的平面面积是百分之五十，四十四至七十楼的平面面积则剩下百分之二十五。以大厦平面面积递减的方法，便能在有限的地面面积内建筑当时香港的第一高楼 ***pic. 2***。

这样规划的最大坏处就是大幅减少了每层楼面的实用面积，为符合规范和功能上的要求，消防楼梯和电梯都要维持一定的数量，因而令每层（特别是高层）的实用面积被压缩。这样的发展模式可以说是完全违反了香港常见的模式：价值较高的楼层，面积反而愈小、实用率愈低；价值较低的楼层，面积愈大、实用率相对较高。相当不合理。

贝聿铭的解释是，如果这大厦不往高空发展，它便只会是一座

pic.1

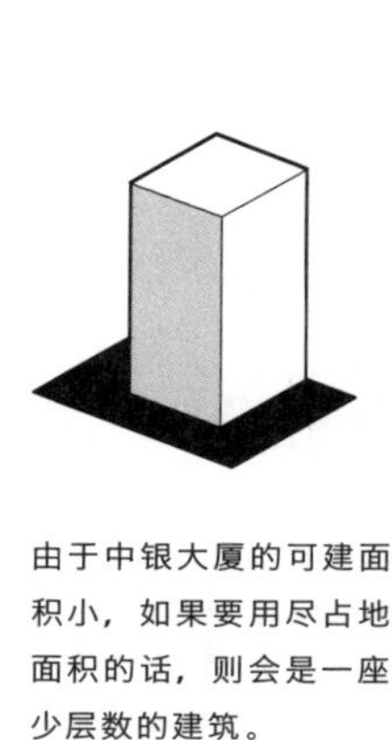

由于中银大厦的可建面积小，如果要用尽占地面积的话，则会是一座少层数的建筑。

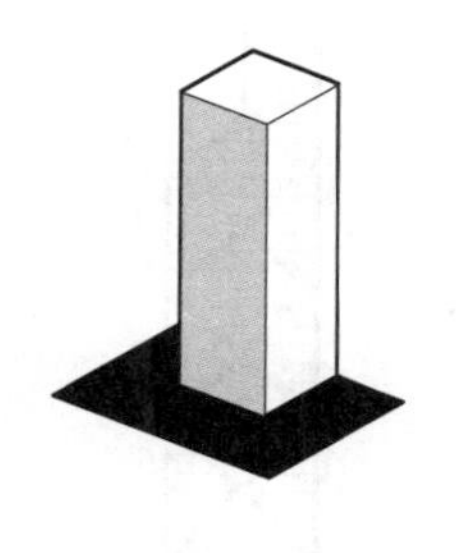

不过为了进一步提高楼宇的高度，大楼的覆盖率便再进一步减少。

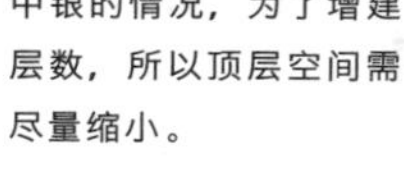

中银的情况，为了增建层数，所以顶层空间需尽量缩小。

pic.2

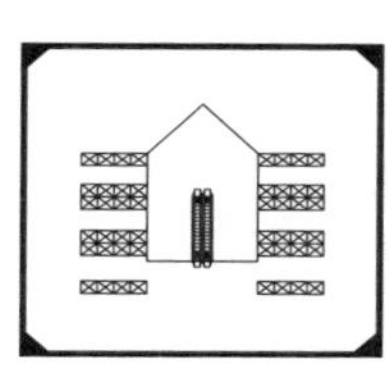

1 至 17 楼

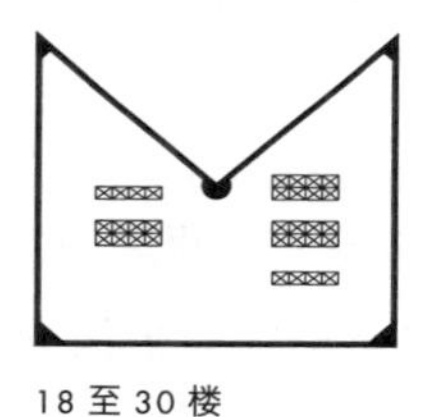

18 至 30 楼

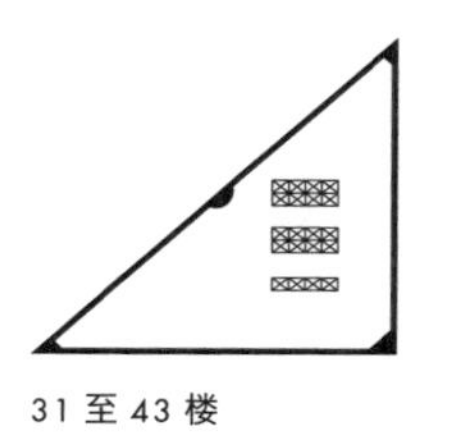

31 至 43 楼

44 至 70 楼

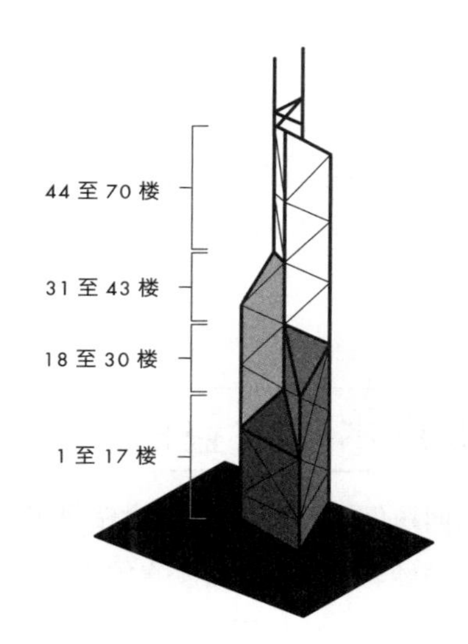

又矮，又没有海景，又不起眼的商厦，价值不会太高。因此，贝聿铭宁愿减少高楼层的楼面面积，也要增加大厦的总高度和向海单位的数目，希望能利用大厦的地标性来弥补面积的不足，因而令中银大厦变成上窄下阔的情况。

事实证明，中银大厦因为其新地标性建筑和美丽的高层海

pic.3

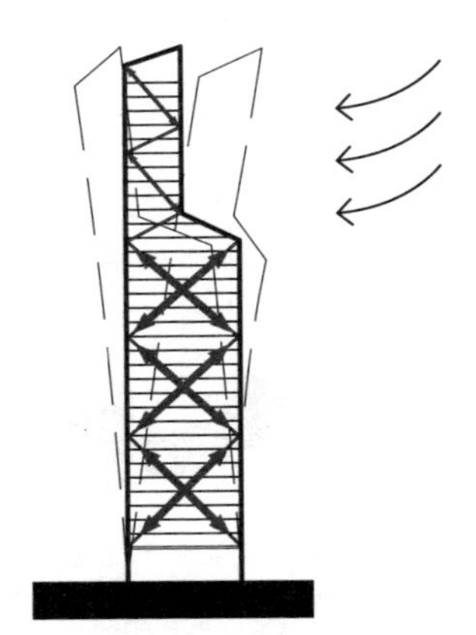

当大厦受到强风吹袭时，典型柱和梁的结构模式需要利用多条横梁来支撑楼板的重量和稳定各条大柱。

中银现在使用的结构模式，利用对角的斜柱来稳定结构，横梁只用作支撑楼板的重量，相对地需要较少的结构部件和接合点。

景而大幅提升了它的价值，这亦弥补了本身低实用率的缺点，相信亦只有贝聿铭这种级数的建筑师，才能说服业主接受这样的设计。

低成本高效益的结构

虽然已达成了第一高楼的目标，但是十亿元建筑成本上限的问题仍待解决。于是贝聿铭便在结构设计上着手，务求减少开支，其精妙之处就是使用垂直的钢桁架结构（Truss）作为主结构，放弃普遍使用的柱和梁。整座大厦只有四条大柱，最高层的部分则只有三条大柱，各大柱之间是巨型的斜柱，这亦是外墙上所见三角形的钢柱。由于有这样的斜柱令整个结构各大柱变得稳定，其他的结构组件亦因此减少，室内的空间亦不需要任何柱来作辅助支撑。最重要的是由于用钢铁量比正常情况减少了百分之三十，亦同样减少数百个接合点，因此尽管大厦高至七十层，但建筑成本却能控制在十亿元之内 *pic. 3*。

相比邻近的汇丰总行，中银大厦造价只是十亿元，而汇丰总行

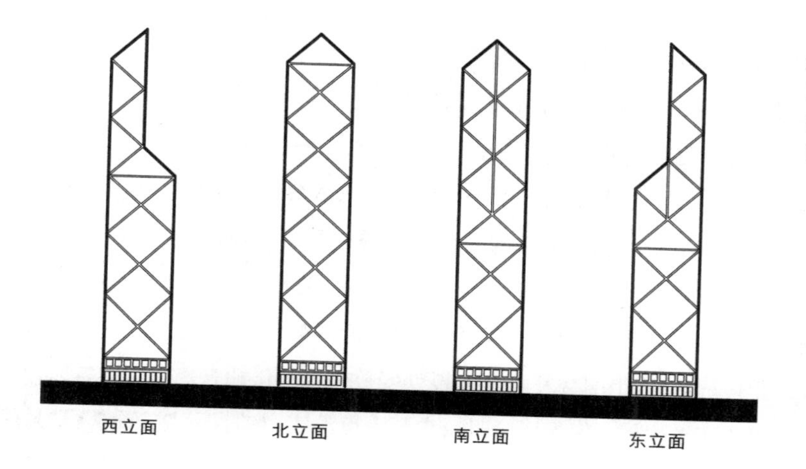

pic.4 中银是由四个不同高度的三角柱体组成，所以中银大厦的东、南、西、北面都不同。

是五十二亿元（这价钱还未包含通货膨胀的因素），但中银大厦的建筑面积接近汇丰总行的两倍，所以若以每英尺造价来计算，汇丰总行接近是中银的十倍。

因此中银的高层对贝聿铭的设计非常满意，他们只用了汇丰总行五分之一的价钱，便建造了全香港第一高楼，并且让他们能够在七十层高的宴会厅俯视只有四十二层高的汇丰，无论在气派上、心理上都赢了英式企业一筹，这不单满足了中银高层心中的意愿，亦更显示了他们的精打细算。

罕有尖角结构

中国人一向对“三尖八角”的东西有所忌讳，但是贝聿铭却巧妙地利用不同的三角形作为中银大厦的主结构。无论在平面或外观上都以三角形组成，这不单降低了大厦的建筑成本，亦由于不同高度的组合令中银大厦的外形看似一颗亮晶晶的钻石，大厦东、南、西、北四面的外观也因此而显得不相同 *pic. 4*。不过也需要付出代价，中银大厦自十八楼以上便会出现不规则的单位，这不但不实用，而且也牺牲了高价值的转角单位（Corner Office），正所谓有得必有失。

全座大楼最有特色的空间当然是七十楼的宴会厅“七重厅”，因为客人可以在三角形的斜面玻璃屋顶之下远观维多利亚港，感受到天人合一的空间，这亦是贝聿铭常用的手法。这种“天人合一”的空间同时在四十三楼的瞭望台和十七楼的高级职员餐厅都有出现，因为这两层都是三角形平面节节拉升而出现的转折空间。这种大厦外形也有缺点，一般大厦只需在天台安装清洁吊船，但中银大厦则需要在十八楼、三十一楼、四十四楼和六十九楼处安放机房和吊船，虽然这些层数也可用作逃生层，但无疑同时减少了大厦的实用销售空间。

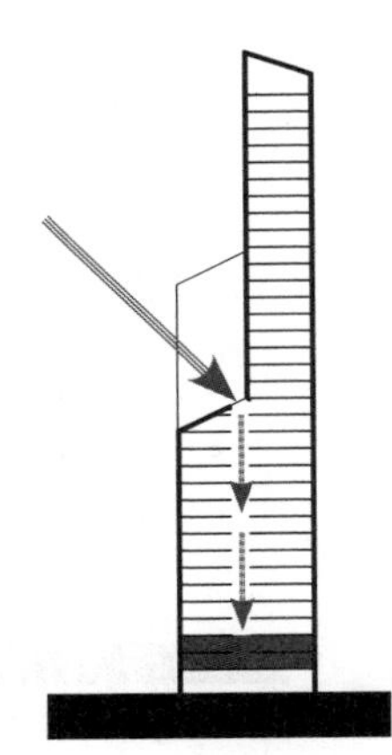

pic.5 中银大厦的另一个特点就是在三楼的营业大堂上有一个小天窗，让阳光可以从十七楼的屋顶射进大堂，充分体验贝聿铭喜爱中庭的设计风格。

在十七楼处亦设有一个天窗，让阳光直射到三楼的营业厅，令气氛更加温和 *pic. 5*。而且由于中银大厦三面都被环路包围，所以升高了的营业厅除了优化景观之外，还可让营业厅有更多的阳光。另外，因为中银大厦收细了它底层的面积，令四周的街道变得特别宽阔，甚至可以在左右两边各放一个很大的水池，水池和旁边的一道厚厚石墙，都是用作阻隔四周汽车的噪声，并美化主入口一带的空间。

“三尖八角”除了不够实用之外，还增加了被雷击中的机会，特别是如此高的摩天大厦。因此一般情况下除了在顶层加避雷针之外，还会在中、高层处加上避雷针，但是为了不破坏大厦的外观，中银大厦使用了预雷针（Early-streamer Emission System）。预雷针是当云层中的雷电还未形成之前，便预先发放电离子至云层，预先把高电压的电力引至地下，这样便避免了雷击的机会。在正常情况下，一支预雷针便足够保护一个小区，所以一支预雷针便绝对足够为中银大厦防雷，但可能考虑到外观的问题又或者加多一支以防万一，中银大厦才有两支预雷针（铜锣湾的宏利保险大厦也设有预雷针，但只设了一支）。

肩负使命的大厦

话说回来，当时中银为何要执著于香港第一高楼这美誉呢？中国银行在其他城市的大厦都没有如此要求，到底所为何事？

在一九八三年，中银决定进军香港市场，需要在金融区建立新的总部。当年香港金融区就只有这块位于边缘的空地，但这土地三边被道路包围而且可发展的建筑面积很低。再加上，这里原址是美利楼，曾是日军在第二次世界大战时的“日本宪兵部办事处”及“日本军事统帅部”，还设有很多囚犯室及刑场，所以美利楼一直出现闹鬼的传闻 *pic.6*。当美利楼迁移之后，这土地便一直空置多年，无人问津，直至中银认为这地皮符合他们的需要和预算，才决定重新发展这块土地。

作为国家企业之一的中银，进军香港市场时除了是商业决定之外，当然还有政治考虑。当时中英谈判完成后，香港回归有期，但市民普遍都对未来隐约带有恐惧。中央政府希望借着中银为香港市民带来多些正面感觉，希望这座大厦是完全出自中国人之手，目的是希望向世人证明，中国人可以不靠英国人的帮助也能做出大事。因此贝聿铭是必然选择，但他却不是即时愿意接受这任命。

贝聿铭的父亲贝祖怡是中银的创办人之一兼第一任香港分行总经理，但那时中银是由国民党创立的，而贝祖怡亦是国民党成员，这背景令贝聿铭却步。再加上，经过北京香山饭店一役之后，贝聿铭也被当年中国内地的工程管理素质吓怕。后来，中方派出人员亲自到美国进行游说，而贝聿铭的堂妹林贝聿嘉亦有暗中促成合作，“三顾草庐”之法的确有效。再加上，曾在美国工作多年的香港建筑师 Sherman Kung（龚书楷）愿意参与管理这项目，香港其他工程师和管理队伍也都达到世界一级水平，而中方亦同意贝聿铭的要求让曾与他合作多年的美国工程师负责结构设计，解除了贝聿铭的顾虑，这项目才能开始。

pic.6 此地曾传出闹鬼传闻，中银外形就像一把利刀直插地心，感觉有镇压之效。

pic.7 大水池和大石墙用作挡四周的“天桥煞”。

坏风水的建筑？

中银大厦两侧的大水池除了有美化的功能之外，在风水学上还被视为“挡煞”*pic.7*。因为大厦三面被高架道路包围*pic.8*，而且非常接近大厦，可谓“明堂浅窄”而且“明堂受困”，难以舒展，所以需筑高石墙来挡一挡。

不过，有风水师形容，左右两边的水池沿梯级向下流动，但又不汇合不过明堂，名为“冲胁水”，再加上大厦的高层平面是三角形的，并非四平八稳，所以中银高层不时有人退官失职或犯刑受罚。其实这个水池原先设计是从大厦的南面正门流至北面的后门，但这是漏财的格局，所以才一分为二，但始终保留了南门对正北门的格局，风水师批评此为“穿心煞”，属风水大忌。

至于最大的争议点就是中银大厦的外形。中银大厦外墙角锋利，再加上各条大柱盖上了灰色的铝板，从远处看确像一把巨刀一样。低层的四条大柱之间每面各有两个”X”形的斜柱用作稳定结构，但又看似大交叉一样，再加上香港政府在二〇〇三年开始每晚都举行“幻彩咏香江”，斜柱上闪烁的灯光就如“光煞”。

pic.8 中银三面被高架道路包围。

当大厦落成后，中银的其中一个银色尖角正对港督府，就有如尖刀直划港督。也许是巧合，当时的港督尤德爵士不久便过世了，他亦是唯一一个在位过世的港督。港督卫奕信、彭定康虽然都有做一点风水的处理，但因为“金克木”（脚属木），彭督受脚伤，而卫督因命格属木（金克木），爬山时受伤，需开刀做手术。据说后来在礼宾府加建了鲤鱼池和六棵杨柳树，金生水、水生木，风水情况才得改善。因为中银大厦的出现，附近几座大厦的设计也有所改变，当中包括汇丰总行大厦、长江集团中心和花旗银行大厦。

长江集团中心的座向刻意把其中一个尖角指向中银大厦，虽然这做法只是想尽量增加海景单位，但同时也避开了中银的“尖刀”。至于中银大厦后面的花旗银行大厦则采取另一方法来处理中银的尖角。花旗银行大厦分为东西两翼，面向中银的东翼呈半圆形，外形就有如一个盾牌，西翼则是侧向中银并成梯形，有如一把尖刀反插向中银大厦 *pic.9、10*。虽然这些建筑设计未必完全根据风水角度来设计座向，但作为行内人都深知风水绝对是业主考虑的一环。

中银大厦其实也不是没有考虑风水的元素。中银大厦依山而

pic.9 （左页图）中银外墙闪烁的灯光有如“光煞”。右边的长江集团中心以尖角面向中银，而花旗银行大厦亦以盾牌及尖刀应招。

pic.10 中银的尖角锐利。

建，其地气受后面的山脉输送，所以大门及上落车位置改在向山的南面。大厦南方大门入口左右两旁也各建有一个水池用来养殖锦鲤，以方位来看，一个位于申庚山，另一个在辰巽山，申庚方位的水池对大厦十分有利，能增加大厦的财富。

贝聿铭的设计在有限的空间和资源下满足了中银的要求，巧妙地利用三角形交错组合出东南西北不同的外立面，成为维港景色的主体。因此中银大厦屡获香港和国际建筑设计大奖，包括：二〇〇二年香港建筑环境评估“优秀”评级奖项、一九九九年香港建筑师学会香港十大最佳建筑、一九九二年大理石建筑奖（Marble Architectural Award）、一九九一年 AIA Reynolds Memorial Award、一九八九年杰出工程大奖（Award for Engineering Excellence, ACEC）、一九八九年杰出工程奖状（Certificate of Engineering Excellence, NYACE）等，贝聿铭也于二〇〇三年获得美国颁授终身设计成就大奖。

HSBC

1.2
开创世界建筑先河

汇丰总行大厦

香港一直以来都被称为“水泥森林”，这小小的森林竟然孕育了一名在建筑界呼风唤雨的巨人——诺曼·福斯特（Norman Foster）。一九七九年，来自英国四十多岁的建筑师诺曼·福斯特胜出了设计比赛并夺得了香港汇丰银行总行的重建项目。这个比赛邀请了来自美国、英国和香港本地大楼，当中包括 SOM、Hugh Tubbins and Associates、Yucken Freeman 和旧汇丰总行的建筑师巴马丹拿（Palmer & Turner，旧译公和洋行）。

当年大家对诺曼·福斯特这个人和他的作品感到陌生，虽然这名来自英国的小伙子出自著名学院耶鲁大学，但是大家都会奇怪地问为何他只凭短短十六年的工作经验便击败了有过百年历史的大楼巴马丹拿，而且诺曼·福斯特只曾兴建过四层高的建筑物，从来都没有兴建过高楼大厦。

换句话说，他是一个“水泥森林”的新丁，竟然可以负责如此大型的项目？

胜在观察

当年诺曼·福斯特非常认真对待这个设计比赛，亲自来港一个多星期，与银行高层见面，了解他们的需要和对空间的期望。他了解到旧汇丰总行的面积已不能满足他们的需求，而且这大厦将会是汇丰亚太区业务核心的基地，所以有灵活的空间相当重要。

参赛的作品中很多都建议保留旧大厦的正面，只在南部加建高层新大楼。诺曼·福斯特也曾作如此考虑，但如果保留旧总行部分正面的话，原有的大堂只能保留一半，而且降低了新总行的实用空间和实用率，不能满足汇丰重建新大楼的目的。

诺曼·福斯特建议完全拆卸整座旧大楼，并将首层的整个空间改为公共空间，大大增加了首层的流动空间，亦针对旧大楼的弱点作出改善。旧汇丰大楼是典型的旧英式建筑设计，正面左右对称，中央只有一道小门，在上下班的繁忙时间里容易出现人流挤塞问题。以石材为主材料的外墙，也予人封闭的感觉。因此，诺曼·福斯特首层开放式的设计大大改善了人流空间不足的问题，并重新把遗失了的道路带回给中环。汇丰总行大厦是由两块地皮组合而成，在皇后大道中和德辅道中之间原有一条街道连接，但旧汇丰兴建时连接了两块地皮，占用了中间的街道，形成现状的一块地皮 *pic. 1*。

无论是一九七九年还是现在的商业大厦多数都采用“核心筒”式设计，即是升降机和消防梯都设在大楼的中心，这样不单令楼宇结构更稳定，而且是最经济有效的消防设置，并能满足消防处对疏散距离的要求。消防处要求大厦每层的任何位置与消防楼梯之间距离不能超过三十米，所以消防梯设在大厦中心，不论东、南、西、北任何一边都可以满足这个要求。不过，诺曼·福斯特为了提高工作空间的灵活度，把升降机和消防梯都设在大厦的四周，令整个大厦中央部分变为一个单一而且四方的实用空间，也令室内的视野变得更为广阔，工作空间变得更为舒适 *pic. 2*。由于汇丰总行东西两侧的景观都被附近的大厦阻挡，因此把升降机和楼梯设

原方案

pic.1

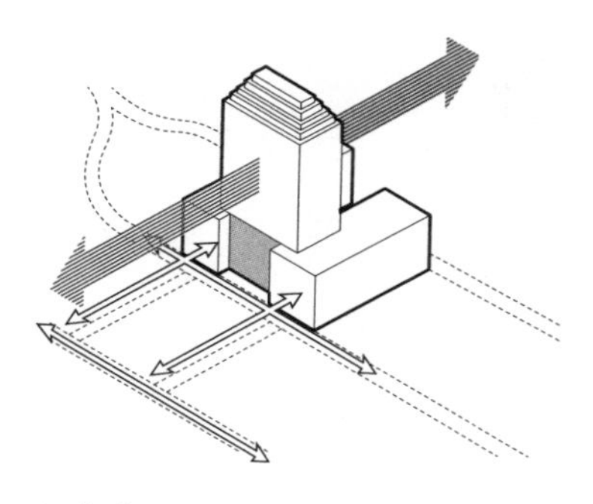

*1*_ 箭嘴代表原方案的行人路线，原大楼的南、北方向景观理想。

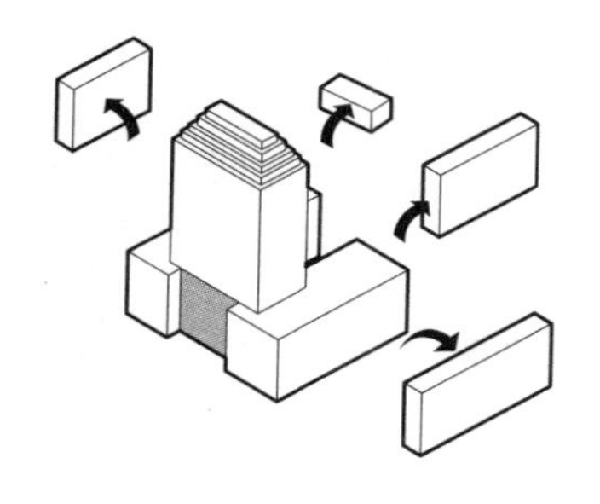

*2*_ 拆除银行大厦四周的建筑，只留下具特色的银行大堂。

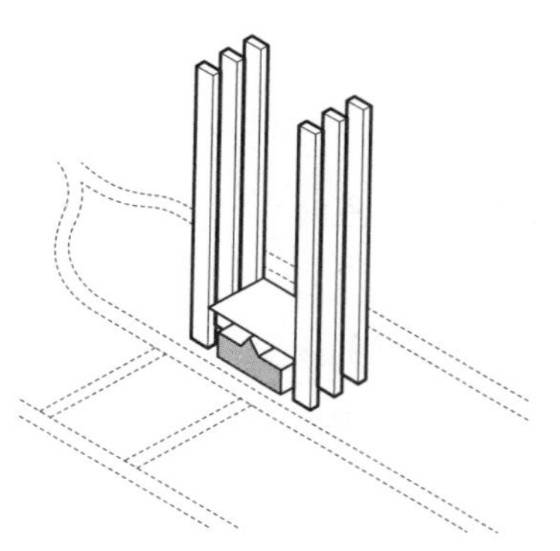

*3*_ 新的电梯设在旧银行大堂两侧，而新的办公空间则在旧大堂上加建。

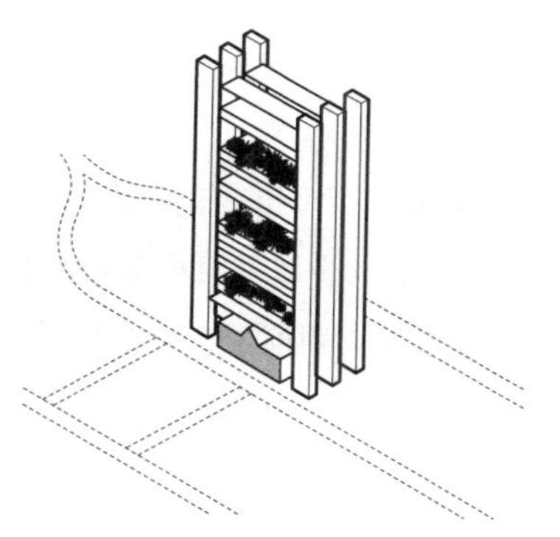

*4*_ 新的办公空间在旧大堂上加建，并在高层加建空中花园。

最终方案

拆除旧银行大堂后，容许银行首层空间连接南北两边的道路和皇后像广场，并且可连接通往旧天星码头的隧道。空中花园则可南北通风。

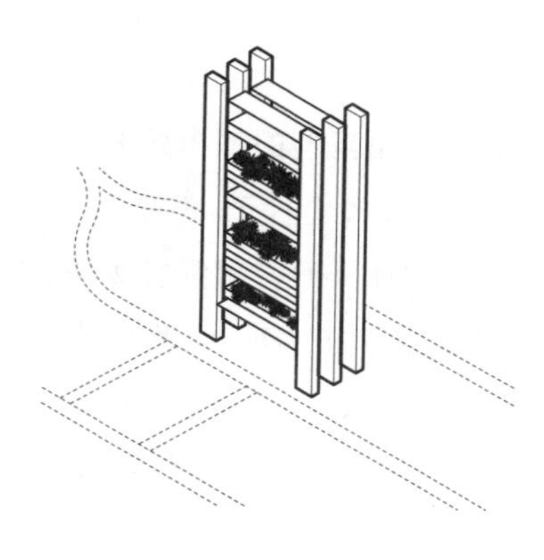

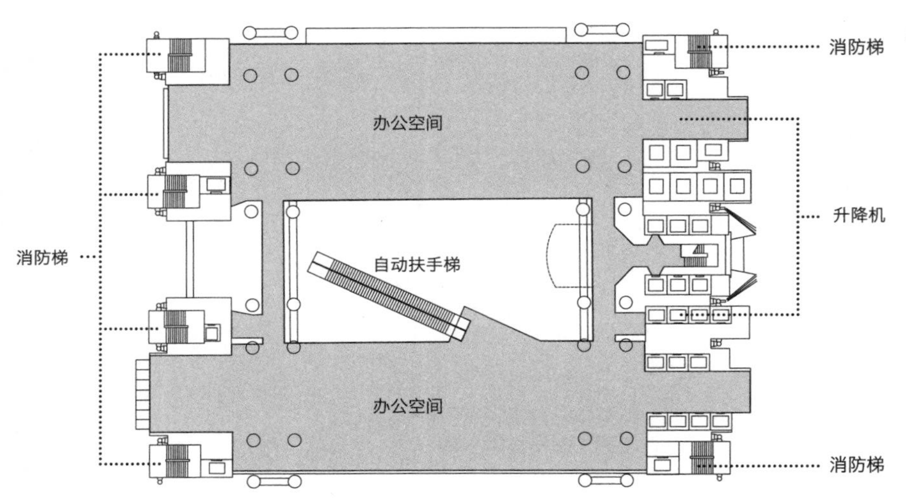

pic.2 一般大厦的升降机是设在中央，而汇丰的升降机则是设在外围，是为诺曼・福斯特的逆向式平面设计。

在东西两侧确是理想选择，可以令南北两边的阳光贯穿整个室内空间。因此汇丰总行是全港少数拥有海景消防梯的大厦。

诺曼・福斯特的设计大胆前卫，凭着其高灵活度、开放式的设计击败了世界各地的大楼，成为汇丰总行的建筑师，并展开了他的丰盛人生。

“V”形结构方案

在正式设计的初期，诺曼・福斯特的首个方案虽然得到业主的认同，但在结构上却未必能如愿。他原本的结构理念是左右两侧由五个大型的钢柱作为主结构，并在柱与柱之间加上“X”形钢架来承托风力并稳定整个结构，并由巨型的钢桁架（Truss）吊起十多层的楼板，这样整个室内空间便没有柱子。但这么大的跨度是有困难的，而且如此大型的钢桁架就必须占用两层楼高的空间，银行又未必需要如此多的双层高楼底的空间，因此诺曼・福斯特决定与结构工程师奥雅纳（Ove Arup and partners Ltd.）研究另一个方案。

为避免出现双层楼高的钢桁架，诺曼・福斯特把结构模式修正为“V”形结构模式，他们称为“Chevelron Scheme”。这方案的核心设计理念与首个方案分别不大，只是使用了对角的钢斜柱来取代钢桁架，这样每层楼的高度就不会再受制于结构部件。每条钢斜柱会穿过四至五层楼并从左右两侧吊起各层楼板，因此从正立面来看就像一个个向下的箭头 *pic. 3*。

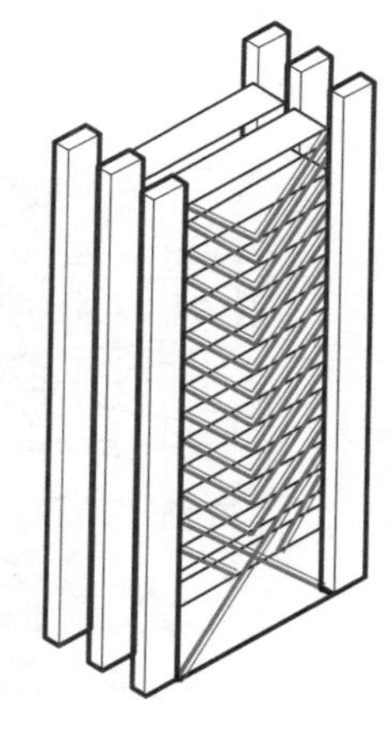

pic.3 红色的“V”字就好像“向下”的意思；红色亦令人联想到血光之灾和赤字，所以这方案一出便被否决。

这方案虽然提升了垂直空间的灵活度，但令室内出现了一大堆的斜柱，减少了可使用的空间，完全破坏了首方案“室内无柱”的优点。此外，这些斜柱以红色作主调，诺曼·福斯特以为中国人视红色为幸运的颜色，但若配合“V”形的设计，红色的“V”字就好像“向下”的意思；红色亦令人联想到血光之灾和赤字，所以这方案一出便被否决，特别是董事局内的中国籍成员，诺曼·福斯特需要再次重新设计。

衣架形结构

虽然两个方案都惨遭滑铁卢，但这两个方案并不是完全没用，各有各的优点。首个方案的好处是容许大跨度的空间而且中央部分没有柱，但是结构承重过分集中在双层高的钢桁架之上，所以施工难度大。而 Chevelron Scheme 最大的好处是大厦的承重部件分散在不同的层数，所以不用双层高的钢桁架，因此层高的分布比较灵活。不过坏处则是正立面前有向下的“V”形结构，外观不讨好。

于是诺曼·福斯特结合了两个方案的设计优点应用在最终的方案。

最终方案保留了第一方案垂吊式的结构，数层楼板的重量由大跨度的结构吊起，不过由原来巨型的钢桁架改为小型的三角形“衣架” *pic.4*。由于每个衣架的承重由原来的十多层降至六至七层，而且每组由四个小型衣架来支撑（北面两个，南面两个），因此衣架层的楼高便不一定需要双层，只是比标准层高一点便可。但最后这层都起用双层楼高，用作空中花园、员工餐厅、Function Room（功能厅）、Meeting Room（会议厅）等，另一方面亦用作消防法例要

pic.4 从大厦的外墙可以清楚地看出衣架形结构。

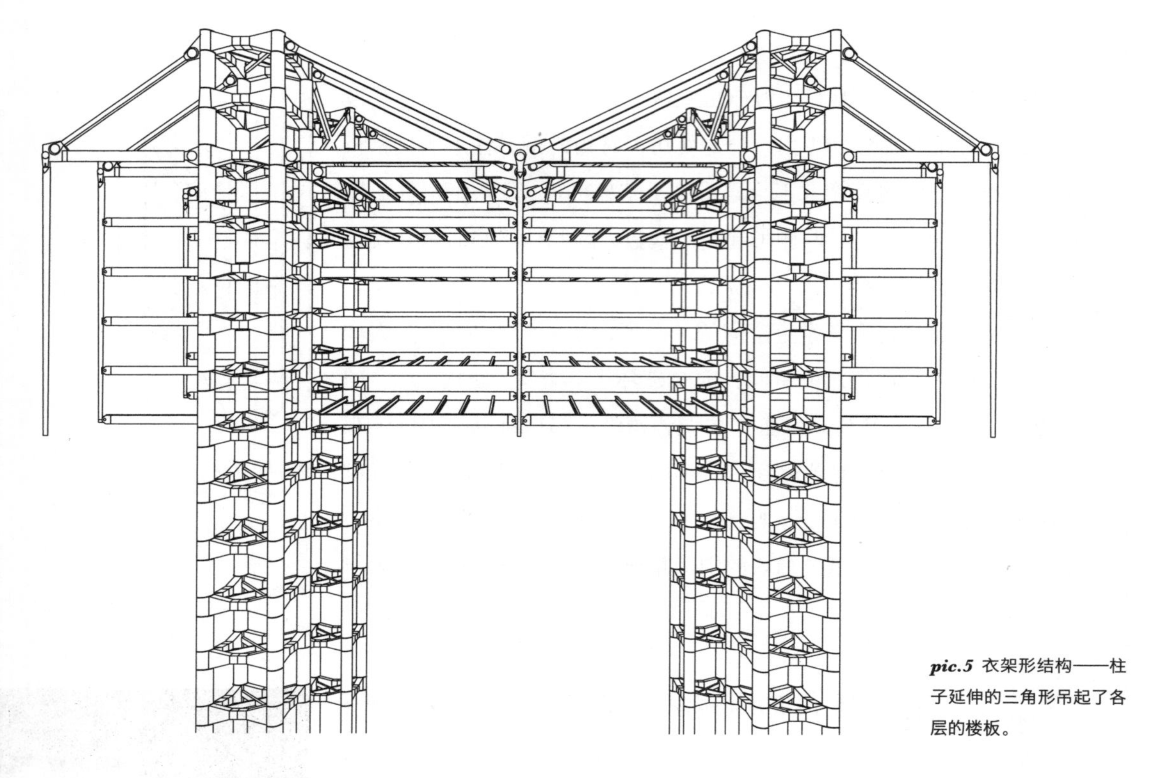

pic.5 衣架形结构——柱子延伸的三角形吊起了各层的楼板。

求的逃生层，一石二鸟，将一个不大实用的空间变成多用途的活动空间 *pic. 5*。

造价五十二亿港元

汇丰总行是“二战”之后，全球最昂贵的建筑，在一九八〇年代的造价是五十二亿港元，直至近年北京 CCTV 大楼的六十亿元才打破纪录，如果计算通货膨胀的话，汇丰总行还是世界之最，但是到底钱用在哪里？另外，为何精于计算的汇丰大班会容许这个英国新秀如此挥金如土？

其实汇丰高层一直都是十分在意建筑成本，在设计 Chevelron Scheme 时，汇丰已邀请物料测量师 Levett & Bailey（利比）为这座大厦的建筑成本作估算。在一九八〇年的估算为大约二十一亿六千七百万港元，这已经是香港当时顶级商厦的三倍造价，自然吓怕了一众高层。

pic.6

当时汇丰高层致电诺曼·福斯特，认同他的设计可以降低将来的营运成本和维修费，但是汇丰认为十六亿港元已经足够建成这座达至香港顶级水平的商厦（当中十四亿港元为建筑成本、两亿港元为成本上涨或其他方面的备用支出），要求福斯特在重新修订设计时以十四亿港元建筑成本为首要考虑。

虽然设计和成本预计已得到汇丰的同意，但还需要得到政府相关部门批准后才可以正式动工，这亦令这位“过江龙”和汇丰相当头痛。由于汇丰附近的街道相当狭窄，而且要满足街道投影（Street Shadow）法规上的要求（这条例在约十年后取消了）。因此整座大楼需要分为南、北、中三部分 *pic.6*，南边需要降低十二层以满足不超过百分之六十四街影的要求，而北边由于面对皇后像广场，所以只需降低六层 *pic. 7*。

这样的改动看似没有增加建筑成本，相反好像可能因此而减少成本。不过，汇丰坚持所损失的空间必须要在地库中补回，要求地

pic.7

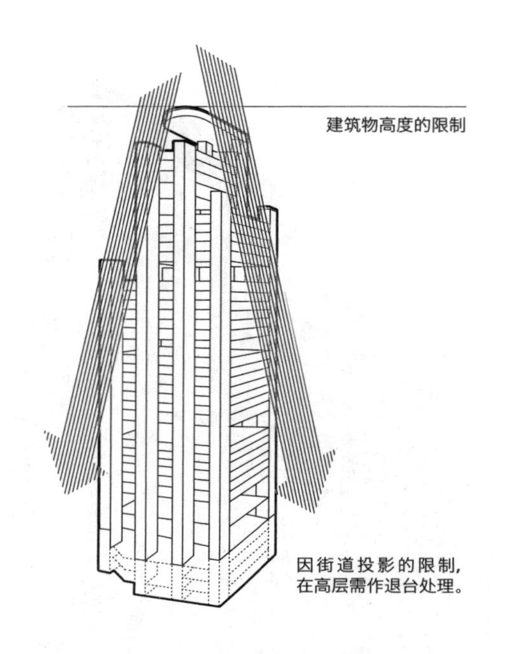

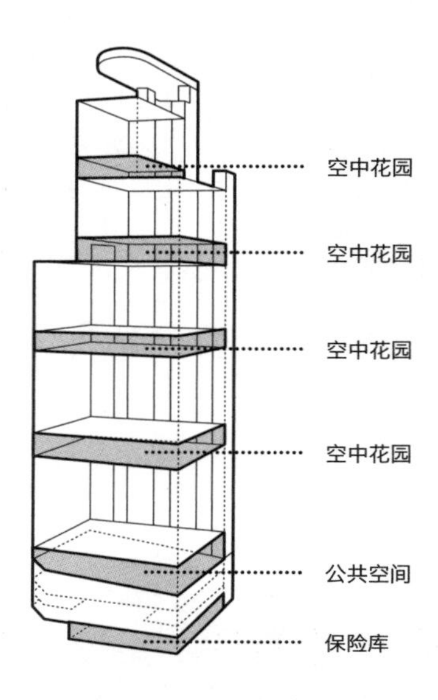

库的保险箱由原来的一万五千个增加至三万个，这便额外需要两千平方米，解决方法是向下多挖深五米。

不过，汇丰总行四周都有旧式大厦，因此地桩基础不是特别深，地底还有中环港铁线经过，在香港的建筑法例列为第三类地盘(Schedule area No.3)，这就代表工程(特别是大型开挖)需要特别申请。而且这土地的地基有很多风化石，附近的土地亦是填海得来的，因此进行打桩时便需要特别留意。

当时的工程师ARUP(奥雅纳工程顾问)已提出汇丰总行的地库只能建至地下十五米，若额外多开挖五米便会触及东侧的中国银行大厦的地桩外围，严重影响旁边大厦的安全。

如果要开挖至地下二十米的话，便需要先挖五十八个两米阔的沉箱(Caisson)作为地桩，每个沉箱内设有工字铁以抗衡因高水位而出现的大水压。再放八个十一米阔的大型沉箱至地底用来承托八组大柱。这八个大型沉箱每个都会有额外四个打至地壳(Bedrock)

的沉箱来作支护。为防止地下水进入地库，亦防止四周的水土流失而令附近大厦的桩柱外露，因此包围地库的地下连续墙（Diaphragm Wall）亦同样需要打至地壳（约地下三十七米），变相在地库建成了一个超级巨型的沉箱，成本异常惊人。

为了确保港铁线路的安全，地下水位的高度也需要仔细控制，如果地铁线路因地下水位的下降而导致路轨下沉十厘米的话，该工程便要停止以确保铁路安全。因此当地库工程开展之后，工程监督便需要每天测量地下水位的变化，万一水位下降得太多便需要补回地下水，否则不能继续施工。

地库施工是如此复杂，为了这额外五米的地库面积，便令汇丰额外支出八千三百万港元。

逆作法施工

按照汇丰最早的计划，希望能在四年后（即一九八五年初）迁入新大厦，但由于四周道路很窄并且临近香港的商业区，不能使用大规模爆破的方式来拆卸旧大楼，只能使用逐层拆卸的方式，而这工程大约需时六个月。

不过最大的问题是兴建地库，因为地库连沉箱需要挖出共六万立方米的泥土。假若每天进行十七小时工程，也需要接近一年半左右才能完成地库工程。因此，最后工程师选择了成本较高的“逆作法”（Top Down Construction）。

逆作法的意思是当八个十一米阔的大型沉箱完成后，便在这个地桩基础上兴建八组大柱，同时使用大型起重机继续开挖地库。这样当首层以上的主结构建好后，便开始兴建二楼以上的楼板，而同时继续进行余下的地桩和地下各层的楼板工程，当地库完成后才搭建首层楼板。使用逆作法可以同时展开二层以上及地库的工程，不用像“顺作法”一样，必须完成所有地库开挖程序才能展开地面以上的工程。这个方法当然可以减省时间，但同时又增加施工人数和工程的难度，建筑成本自然地又增加了不少。

汇丰总行大厦的地库除了是保险箱之外，还包括一个巨型金

pic.8 汇丰银行内十层高的中庭。

库，这里除了储存大量现金外，当然还有黄金和银行印钞的模版。所以保安工作异常严密，只有一部电梯通往金库。这部电梯可以将整部保安车送至金库，而且不能从电梯内控制，只能由保安室控制。当金库关门后会抽走空气，连昆虫都无法生存。如果有人强行炸开金库大门的话，首层的地板同样会被炸倒，同归于尽。

大约在二〇〇九年三月曾有报道，前港督府（即现在的礼宾府）有一条特别通道通往汇丰总行地库的金库，这样可以让港督在情况危急时到金库拿钱逃命，这个说法不能成立。虽然秘密通道曾确实存在，但主要是让港督在"二战"时逃至维港，再乘船逃难，并不能通往金库，而这通道也早已封闭。

极昂贵的结构

汇丰总行最大的特点就是其十层楼高的大堂。这个中庭容许阳光通过各层的工作空间，并直射地面，这个建筑绝对可谓不惜工本 *pic.8*。当时香港的建筑物条例，最大的防火单元为三万立方米（一九九六年修正为两万八千立方米）。

不过，汇丰总行的大堂体积则达至十二万立方米，超出法例容许的四倍。为了满足消防处的要求，大堂内的十层楼都需要提供消防喷头、机械排烟、烟雾感应器，而且所有钢结构部分、玻璃幕墙、间隔墙和门都需要有两小时的耐火度，家具也需要特别挑选，因此建筑成本也大幅增加。这大厦单是防火系统、间隔墙、门和家具的开支已达至四亿六千多万港元，当中大堂的家具开支便占了三千四百多万港元，完全是超级不合理的昂贵。

汇丰的高层曾坚持这个重建项目的成本需要控制在十四亿港元之内，但是单用在地库和大堂的额外开支便已经达至五亿多港元，所以十四亿港元的建筑预算肯定不能达标，但到底要超支多少才能完事？

当工程进行招标后，诺曼·福斯特和汇丰才发现额外的开支绝对不止百分之十至百分之三十。因为单是结构上的支出已差不多用了所有的预算。

汇丰总行的衣架形结构可分为以下的三部分：

第一部分：垂直结构部件，整座大楼只有八组大柱，每组大柱由四条小柱相互紧扣而成。

第二部分：衣架结构，用来承吊其下六至七层的重量。两个衣架为一组，南面的一组设在二十八楼，北面的一组设在三十五楼，中央的两组设在四十一楼，这样便形成前、中、后不同高度的层次。

第三部分：每层楼板的结构框架，这是负责支撑每一楼层的重量，框架之上便是一百五十毫米厚的混凝土地板。

兴建垂直的钢柱和横向的楼板没有太大问题，但要兴建衣架形的结构则有极大的难度。因为六至七层楼板的重量要完全依靠斜柱来支撑，而斜柱与主柱的连接点更是关键所在。最终的方案是由一支三百五十毫米直径的钢柱来连接三块一百七十五毫米厚的钢板，而这条钢柱的误差只可以是三十分之一毫米。另外，为令这钢柱能平均地收缩，所以曾浸在液态氢中，而这样小的误差度（Tolerance）

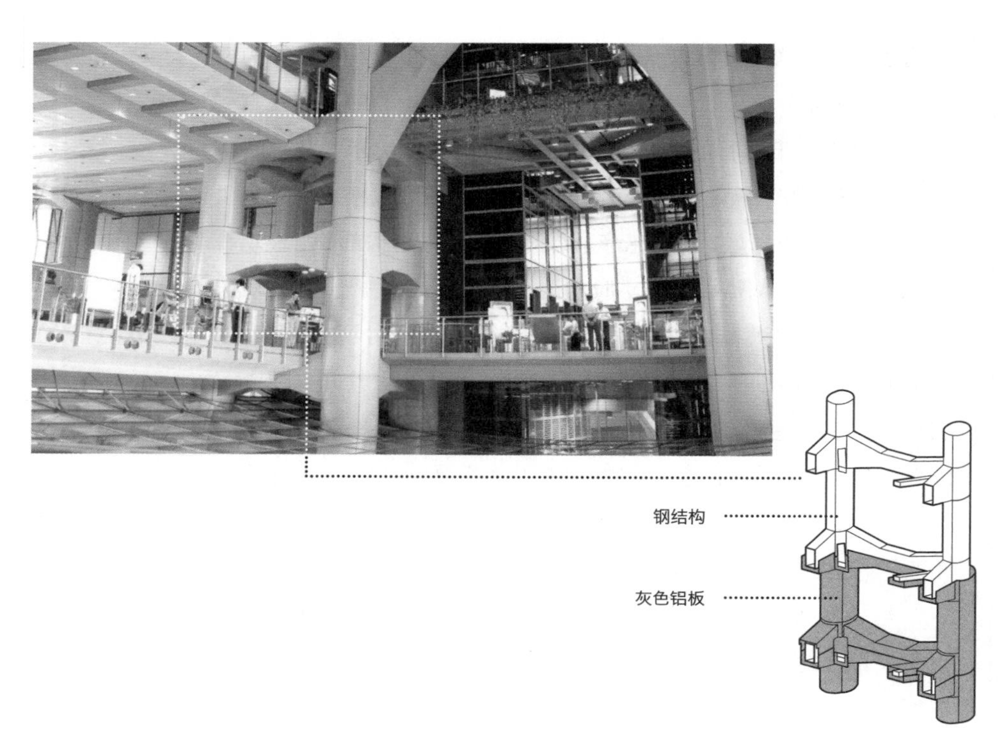

pic.9 汇丰银行的钢柱部件

在当年世界建筑界中从未试过。

由于工序复杂而且精确度要求高，难以在地盘上直接施工，所以只能在工厂完成各部件，然后在地盘上装配。汇丰总行的结构接合点和焊接点与当时的建筑相比算是最多的，所以如果大部分钢部件都在现场完成的话，就肯定不能在一九八五年前完工。

最坏的情况是，香港没有重工业，而当年国内的重工业还未发达，最近的合资格工厂在日本的京都。但由于香港是英国的殖民地，得到英国的税务优惠，因此最后选择在英国的米杜士堡预制这些钢结构部件，完成后才运送至香港 *pic.9*。

这样大的工程和如此繁复的工序便花费了近十二亿港元，若再加上副结构、防护措施、防火维护等相关开支，便需要额外五亿五千万港元，所以单是结构上的开支便已经超过十七亿港元，严重超出汇丰的预算，但为了达成一九八五年完工的目标，汇丰创下了五十二亿港元建造价的纪录。

HSBC 建筑成本（港元）	
海水冷却系统	140,786,000
混凝土结构	341,437,000
钢结构	1,203,228,000
行人通道	8,252,000
防锈处理	69,279,000
抗火处理	141,343,000
外墙铝板及玻璃	1,112,874,000
避难层及空中花园	21,960,000
反光板	9,023,000
地库机电房	179,004,000
楼板内机电系统	229,975,000
机电管道	632,397,000
电梯及扶手电梯	143,291,000
消防系统	41,482,000
室内的铝板 / 间格墙 / 门	323,864,000
地板	178,796,000
吊顶 / 灯光	102,389,000
家具	69,636,000
指示牌	12,275,000
保安系统	33,119,000
洗手间洁具	14,372,000
电话及网络系统	8,545,000
银行大堂家具和室内装饰	34,600,000
电脑设备	7,653,000
保险箱	20,485,000
大厦管理系统	41,303,000
公共邮政服务系统	1,988,000
文件运输系统	6,392,000
总成本	**5,129,748,000**

开创环保建筑先河

这座大厦虽然造价昂贵，但一开始也不能完全保证这种结构的绝对安全，这样的建筑结构在世界上还未出现先例，这设计在当时相当大胆。为了确保大厦的安全，建筑师先在英国建了一个六十平方米左右的模型，这个模型包括了香港岛北部和九龙半岛所有建筑物，然后放进风洞测试（Wind Tunnel Test）。实验数据不单支持了大厦的结构计算，还为当时的工务局和天文台带来重要数据，为未来的建筑物条例立下了指标。

此外，他们也做了一个一米八高的中庭模型来测试室内的阳光和温度变化，现在存放在 Foster Office（福斯特工作室）的最终方案模型就足足有近一米五高。福斯特就是这样用大型的实验来测试各种创作意念，亦是他们喜爱的研究方式。

汇丰总行大厦除了在结构上取得莫大的成就，还在环保建筑上取得极大成功。首先在光源处理方面，诺曼·福斯特锐意令整

pic.10 反光板把阳光反射至中庭的反光镜上，再反射至室内，加上反光镜旁的灯光，让汇丰大堂有足够光照。

个银行大堂充满阳光，因此在皇后大道中一边的外墙有一块很大的反光板，目的是希望将阳光从南边反射至大堂屋顶的反光板，再把阳光折射至大堂室内各处，直达首层的公共空间 ***pic. 10、11***。

虽然这方法曾在实验室做了多个实验，但效果未如理想。相信有两个原因，第一，设计时，汇丰大厦附近还没有这么多高楼大厦，后来兴建的长江集团中心、中银大厦和花旗银行大厦等摩天大厦，阻挡了部分阳光。

第二个也是最主要的原因，相信是源自室内的材料颜色。室内的颜色以灰色为主调，深色的材料吸收了不少光线，减少了室内阳光的反射。据悉不少汇丰员工都认为他们的工作空间光线不足，福斯特的招牌“Foster Gray”好像并不能如以往一样发挥它的魔力。

至于调温方面，汇丰的空调系统并不是常见的水冷或气冷系统，而是利用海水冷却系统，因此大厦的屋顶没有一般大厦所见的水塔。另一方面，每层空调、电力、电话、灯光系统都是通过升起了的地板（Raised Floor）之间的空间来铺设，供应点可随时更改，完全切合现在或未来的需要。空调也从地板输出，能有效地控制室内的气温，造价也就比较昂贵 ***pic. 12***。

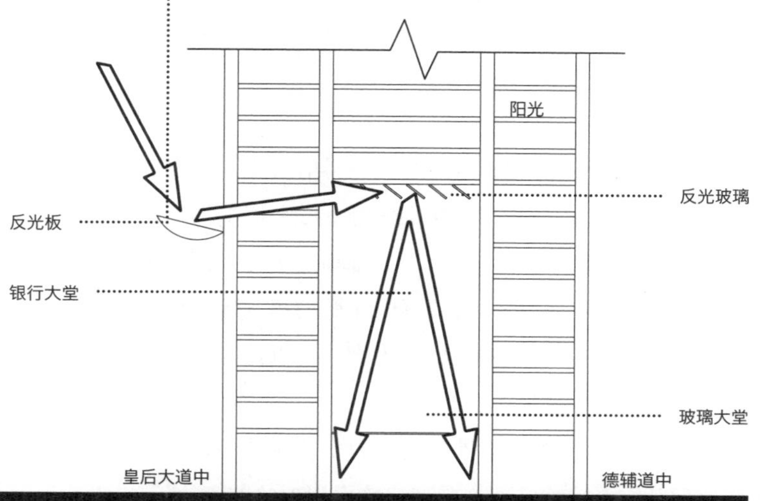

pic.11 汇丰银行的阳光示意图
皇后大道中一边的外牆上有一块大反光板。
阳光是从皇后大道中反射至室内的反光玻璃，然后反射至大堂内。

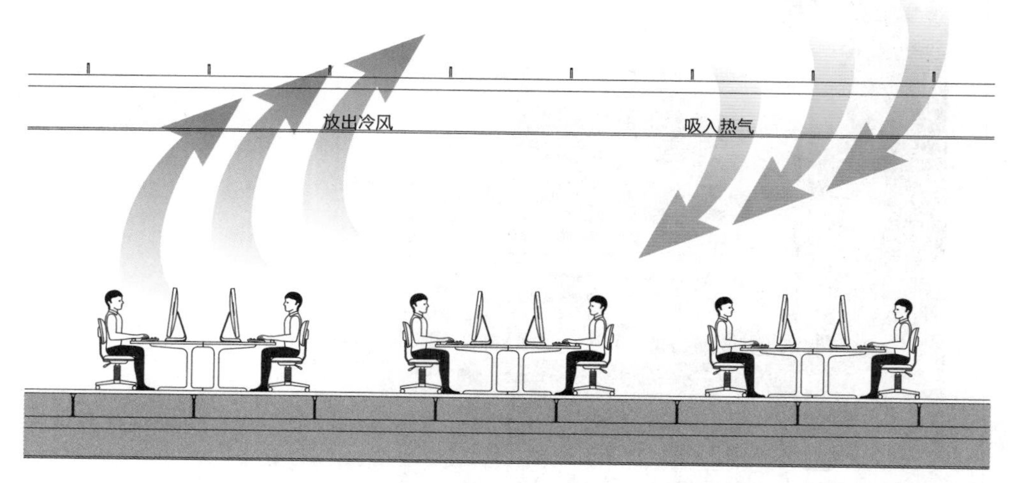

pic.12 每层空调、电力、电话、灯光系统都是通过升起了的地板（Raised Floor）之间的空间来铺设。

Raised Floor 的另一特点是，所有间隔墙都设在其上，可以更容易更改空间位置，因此银行可以在一个周末便完成一万八千平方米的工作间的搬迁，绝对减低了对日常工作的影响。

至于洗手间，就更是开创香港建筑先河。汇丰总行的洗手间不是直接建于地板上，而是属个别的单元组件，在日本工厂制成后才运送至香港，只要连接了水管和电线便可马上使用。这种做法方便了汇丰未来的空间改组，洗手间的空间可以随时改变成工作间，工作间亦可随时改变成洗手间，灵活性很大。

龙脉之地

汇丰总行的大堂刻意设计成一个无障碍的大堂，说法有很多。有风水师说，一条龙脉由皇后大道中那边下来，经过整座大楼，走到德辅道中为止，因为德辅道中对出原是维港的一部分，两头铜狮子便是用来防止漏财。龙脉的福气走到汇丰地面时被银行的扶手电梯带上至营业大堂 ***pic.13***，所以汇丰便是积集龙脉财气的所在地 ***pic.14***。

根据诺曼·福斯特的说法，他希望借着大型的公共空间为银行带来开放的感觉，而且这个公共空间亦得到建筑面积上的豁免，

pic.13 两条扶手电梯将顾客带上银行大堂，也把福气带上汇丰银行。

pic.14

不计算在面积限额内。地面广场原被设计为玻璃地板，让光线可以反射上大堂。但由于这大厦的建筑成本已严重超出预算，而且完工时间也由原来一九八五年秋季推迟至一九八六年的春季，再加上福斯特还未想出一个理想的施工方法，所以管理层最后决定放弃这个新颖设计，不过这广场仍然成为汇丰总行的标记。

这香港建筑史上最贵的建筑物，确实为汇丰在其营运成本和能源效益上节减了不少，亦为建筑界开创不少先河，令籍籍无名的诺曼·福斯特一炮而红，名利双收，更使他在一九八三年获得英国皇家建筑师大奖（RIBA Gold Medal），在历史上留名，跻身大师级行列。

1.3
设计与施工同步进行

国际金融中心一二期

国际金融中心二期（下称“国金二期”）和环球贸易广场（下称“ICC”）这两座摩天大楼成为维港两岸的重要地标，但其实原本的规划并不是这样。在一九九〇年代初，香港开展以新机场为核心的一系列基建计划，政府锐意连接新机场和香港的核心商业区，在中环旧海外线码头的海域填海接近一百米，把机场快线的终点站设在填海土地的中心，以大型商场来连接港铁站、四周的甲级商厦和新建的四季酒店。

最初的规划是不希望摩天大厦影响山脊线，所以计划只建三座中高层的办公楼，但是发展商买地后，认为这片土地异常珍贵，如果在这么小的土地里建三座办公楼的话，办公楼的窗外就剩下楼景，浪费了一大片海景。因此管理层决定，将三座办公楼的计划改为两座，把其中两座办公楼合二为一，成为一座超级办公楼。发展商认为中环的甲级商厦长期供不应求，而且能够拥有三百六十度维港海景的商厦更是少之又少。管理层决心要国金二期超越中环广场和中银大厦成为香港第一高楼。

巨型地基

一般来说，兴建两座四十层高的商厦与一座八十层高的商厦的成本应该相若，甚至可能是一座商厦更便宜，因为一座大厦可以省却一个大堂和一对消防梯，而且水箱、冷却塔等设备都可以减少一组，开支方面应可以减少一点。表面上，由于建筑面积相若，混凝土的使用量应该差不多，但是结构上的开支则大不同。要承托八十层楼的柱子自然比四十层楼的柱子大很多，而且还需要考虑大厦受风力或地震时的摆动情况和稳定性。

摆动的情况 = 力量 × 长度

当高低两座大厦受同一风力吹袭时，高的大厦摆动会比矮的大厦大得多，甚至可能数以倍计。另外，结构安全亦同样需要考虑长宽比（Slenderness Ratio）。长宽比是代表了建筑物的高度与横切面的比例，这比例可以估算建筑物的稳定性。如果建筑物愈高，长宽比就愈高，若楼面面积不增加的话，就代表这座建筑物愈容易断裂。

至于地基的开支就更加惊人，这土地是填海得来的，泥土的坚

pic.1 国金二期为香港岛最高建筑。

韧度不够，不能使用摩擦桩（Friction Pile）。因此，若要承托八十多层的摩天大厦便需要使用灌注桩（Bored Piles），先开挖桩柱至地壳（Bedrock），然后再灌注混凝土来承托整座大厦。

以国金二期 ***pic.1*** 的重量及体积，不能以数支桩柱来承托一条柱的重量，因此使用"Raft Foundation"（筏形基础），即是利用地库作为地基的一部分，将大厦的重量转移至巨型地基之上。而地基则由数百支桩柱来承托，并且利用四周泥土的压力来稳固地基，因此国金二期的地基直径七十二米、厚二十二米，成本可想而知也相当大。

至于大楼内的电梯，由于上下四百多米，需要更强的马达，而且由于行走、停留的层数愈多，需要更大、承重能力更强的电梯厢。一般甲级商厦的电梯等候时间不会超过一分钟，甚至在三十至四十五秒之内，所以若大厦的层数愈高便需要愈多的电梯才能满足需求。但如果电梯数目增加太多的话，不单增加建筑成本，还占用了很多出租空间，直接拉低实用率。因此，国金二期虽然有六十二部电梯，但是

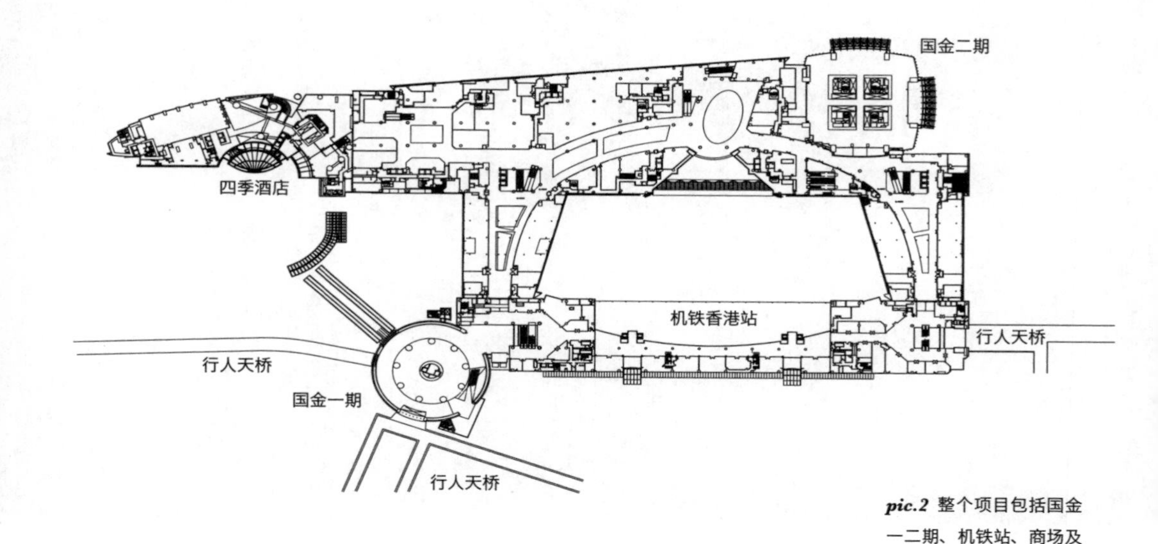

pic.2 整个项目包括国金一二期、机铁站、商场及酒店，由平面图中可见较早完成的国金一期底部为圆形，而国金二期则为正方形。

由于分高、中、低座，而且部分层数需要转换电梯才能到达，所以每层的电梯数目控制在最多十八部。

中途更换建筑师

整个项目包括国金一二期、机铁站、酒店和商场，由香港两家大发展商、煤气公司及港铁公司共同开发，并交由一所香港大建筑师楼负责设计和管理 ***pic.2***。

第一期工程兴建机铁香港站和国金一期，工程进度相当理想。不过，当国金一期已完成首三至四层时，其中一个发展商突然要求更改圆形摩天大厦的设计，并要求把国金一二期交由美国著名的建筑师西萨·佩里（Cesar Pelli）设计。

在一般情况下是绝少会在工程开始后更换建筑师，因为建筑师负责设计、报审和项目管理的工作，责任重大。如果建筑师与发展商在解除合约时出现任何纷争的话，建筑师可能有权不给予施工队图纸，令地盘的进度停滞不前，因此除非建筑师犯了大错误，又或者

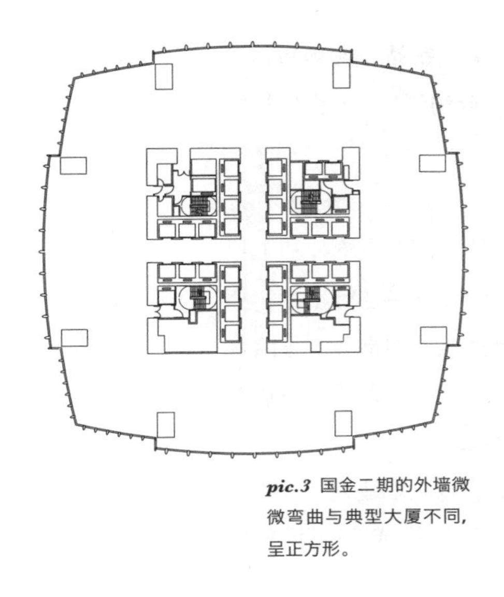

pic.3 国金二期的外墙微微弯曲与典型大厦不同，呈正方形。

pic.4 由于施工中途更换设计方案，国金一期上方下圆，国金二期则微微弯曲，上层稍微收窄。

在专业操守上有什么过失，否则很少会在工程中途更换建筑师，而且发展商也都只会与相熟的建筑师楼合作。虽然在正常情况下，设计会因实际情况而不断修改，在报审后重新规划过的方案也有不少，但是当工程进行得如火如荼之际，才重新设计方案，则是前所未闻。

虽然发展商找来大师级建筑师西萨·佩里重新设计外形，但是始终不能放弃根深蒂固的商业原则。在香港愈高层的租金就愈高，而且室内空间都必须要四四方方，方便租户使用。

若符合发展商要求，那将会是一座奇怪的又长又直又平的四百多米高建筑，西萨·佩里的新设计是上小下大，像一座尖塔，自然得不到发展商的认同。西萨·佩里经过一番争取后，才能令这大厦的高楼层面积稍微收细，并且容许四边外墙微微弯曲，这已经算是创举 *pic.3*。不过，国金一期由于工程时间紧迫，而且不太高，所以仍能维持直立面，亦只简单地把四角改为缺角 *pic.4*。

原本的建筑师的设计方案虽然没被采用，但仍然还是项目建筑师（Project Architect），而且他们仍然负责香港机铁站、商场和四季酒店的项目，所以没有和发展商出现重大的合约纠纷。更换建筑师的原因传闻有很多，难以证实。

直属总承建商是关键

在一般情况下，当建筑师和工程师完成设计后便会进行招标，招标过程大约三个月，除总承建商之外还会分拆或外判部分工程给其他小型承包商，行内俗称总承建商为“大判”，其他小型承包商或外判商则称为“二判”或“三判”，视乎合约的性质。

不过，香港的大型发展商有自己旗下的直属总承建商，所以便能省去这步骤，而总承建商通常会全权参与“二判”或“三判”的招标过程，务求找一个合适的“二判”，因为很多工程合约纠纷都是出现在大判与“二判”之间。

这些直属总承建商不单参与施工会议，有时也会参与建筑师的设计会议，以跟进建筑师的设计是否符合进度和预算，因此他们的权力很大。在国金一期的例子中，直属总承建商更是成败的关键所在。当工程招标后，承建商有权对任何修改收取额外费用（Variation Order），但是如果是直属公司的话，任何额外收费就变成了左手交右手的程序，损失的只是人工和材料费上的额外支出。而且，直属承建商会全权控制和管理各“二判”、“三判”的额外开支，令工程的额外支出减至最少。

为了缩减因中途更改设计而多付出的工程时间及成本，各工程经理想了一个破天荒的做法：

第一，国金一期工程继续进行，但只进行核心筒内电梯槽和消防梯的部分。

第二，已兴建的楼层不会拆卸，只作轻度修改。大厦的八支大柱不能更改，否则会影响桩基础的设计，而部分柱子的工程还可以继续施工。

第三，虽然放弃了圆形大楼的设计，但西萨·佩里只可局部修

pic.5

改大厦的外形，令整体的层数、层高和楼面面积都不会改变太大。

待西萨·佩里完成设计后，才补回地板的部分，并安装玻璃幕墙 *pic.5* 和余下工程，正所谓一面画图，一面建楼。

现在的国金一期外形是正方形，但低座楼层（即连接商场的部分）是最初设计的圆形，大堂处的楼板向外凸出，这样才能使圆形底座及正方形的楼身相连。假如不是直属公司又怎愿意在图纸未齐全之前还继续动工，而且可以不必担心额外的修改费用？他们的出现成为了成败的关键。

美中不足

整个国际金融中心加上机场铁路的项目，在设计上确实出现了一些瑕疵。首先是商场的首层吊顶设置了不少机电管道。作为甲级商场，为了不影响租户，公用的管道是不会设置在首层商铺之内，否则日后维修时便要借用商铺的空间。因此，首层商铺店面是向后移入了一米左右，加阔了行人通道，方便工作人员

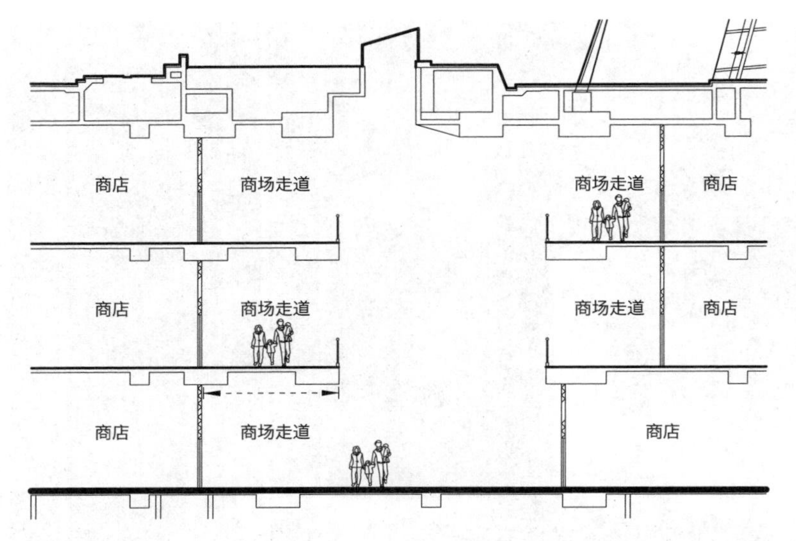

pic.6 图中左边地下的商店向后移了一米左右，以让出一条走廊，方便吊顶的管道维修。

利用公共通道维修吊顶的管道 *pic.6*。这样一来便令商场的实用率低于百分之六十。对发展商来说，这是不能达标的水平。因此在开业后的数年，发展商招徕一家大百货公司，并把数层行人通道都租给百货公司，此举才能将商场的实用率提升超过百分之六十 *pic.7*。

pic.7（右页）国金二期地下店铺（图左）向后退约一米，实用面积因而低于百分之六十，因此发展商将二楼走廊租给大型百货公司，以求提高实用率。

此外还有机铁香港站，建筑师刻意选用了优质材料来建造香港站的屋顶，但是尽管花了一亿港元购来钛金属板（Titanium），在启用后不到十年便开始变色，在国金二期办公楼上或四季酒店俯瞰香港站的屋顶时，会发现奇奇怪怪变了色的金属板。除此之外，机场快线的载客量始终不尽如人意，所以香港站只开放了一条路轨，国金二期地下接近一半的地库空间都长年封闭。

VALENTINO
FURLA

citi
ICBC

1.4
玻璃幕墙的演进

花旗银行大厦

创兴银行中心

为何香港的办公室大楼多数使用玻璃幕墙，而住宅和工厂大厦只用普通窗户？

香港的办公楼大多是由一个单一业主拥有整座大厦并且分层出租，而一般住宅则是逐个单位出售，大业主只拥有会所或一些公共设施。由于业权不同，住宅不能够以中央空调来处理通风。商厦的业主都希望尽量使用落地玻璃来提升大厦的格调，而工厂大厦就当然不会使用玻璃幕墙，因为担心工厂的机器容易破坏幕墙，所以只使用普通窗户。不过，近年住宅大厦也愈来愈喜欢使用玻璃幕墙，除了希望提升格调外，还因为玻璃幕墙三十厘米厚的悬挂空间不用计算建筑面积，但却可以用作销售面积。

pic.1 花旗银行大厦使用
单层反光玻璃幕墙。

pic.2 长江实业中心用的
是双层的中空玻璃。

玻璃材料的演变期

香港玻璃幕墙的使用可以简单分为几个时期。玻璃幕墙可以说是一个完全不透风的屏障，一切的鲜风和温度处理都是由空调系统控制，而且玻璃幕墙容易受热也容易失温，可谓冬冷夏暖。因此最早期的玻璃幕墙采用单层玻璃，同时为了减少阳光的受热程度而使用高反光度的玻璃，例如中环花旗银行大厦 *pic.1*。但是高反光度的玻璃就如一面镜子，把阳光直接反射至四周，造成“光污染”。再加上大厦空调系统排出的热废气，形成热岛效应(Hot Island Effect)，成为现代化城市污染的主要源头。

因此玻璃幕墙开始发展成双层的中空玻璃。双层玻璃的中空空间形成隔热层，减少大厦对空调系统的需求，并且夹层空气的隔声情况理想，所以中空玻璃的玻璃幕墙亦渐渐地流行起来，特别是城市内高噪声的地方。不过，双层玻璃仍无法阻挡由太阳辐射带来的热力，因此还是需要使用高反光度的玻璃，就好像中银大厦和长江实业中心 *pic.2*。

尽管中空玻璃的成本比单层玻璃高，但无论在隔热、隔声和安全上都比单层玻璃优胜，因此成为了玻璃幕墙的主流材料，但是光污染的情况还未改善，直至 Low-E 玻璃的出现。Low-E 玻璃是在中空玻璃内的第二层或第二、三层涂上 Low-E 化学物料，而这层 Low-E 涂层可以阻隔阳光辐射，令到低反光度的玻璃也可以达至高隔热效能，将阳光的热和光分开了，这同时也减少了室内对灯光的需求，进一步降低能源消耗。因此新型的大厦开始使用高透光度的清玻璃作为外墙，就像太古广场三期。

如果要再进一步提升玻璃的隔热和隔声效能，便会使用双层幕墙（Double Skin Facade）。双层幕墙是在中空玻璃幕墙之外另加一层幕墙，两层幕墙的距离大约三十厘米，让阳光射进室内之前多了一层的空气预先受热。幕墙底部和顶部都设有可开关的百叶窗，夏天时开启，当高层的空气受热便会带动底层的空气形成烟囱效应(Stack Effect)，从而带走大厦的热力，减少大厦的受热。冬天时百叶窗会关闭，令幕墙间增加一层空气，进一步为大厦保温，情况便有如为大厦穿多一件三十厘米的外衣 *pic.3*。

不过，由于双层幕墙的成本不低，所以在香港甚少使用，而中环的创兴银行中心 *pic.4* 就是香港少有的双层幕墙。不过，这幅双层幕墙功能不大，主要是用作美化外观。这座大厦的建筑师巧妙地利用了最外层的玻璃营造富于设计感的外墙，覆盖着原来的平板外墙设计。另外，由于最外层玻璃是用点玻（Spider Fixing）接合，所以尽管不是平滑的外形，从室内外望也不会看到对角的斜窗框。遗憾的是，这幕墙的顶部和底部虽然都设有百叶窗，但却没有温度感应器，百叶窗长期开启，没有保温和排热的调节功能。然而，创兴银行中心的双层玻璃幕墙确是本地创作的一个新尝试。

玻璃的选择

当建筑师挑选玻璃时会考虑三个因素：

隔热度（U-value）——U-value 的数值愈低，隔热效能愈高。

隔光度(Shading Co-efficient)——阻隔阳光的程度，S.C. 的数值愈低，阻隔阳光的比例愈小，因此室内的自然光度会愈高。

300mm

双层中空玻璃

外加一层玻璃幕墙

pic.3 双层幕墙底部和顶部设有百叶窗，夏天时打开百叶窗，可形成烟囱效应带走热空气，冬天百叶窗关闭，因而保留一层空气作为保暖层。

pic.4 创兴银行的双层幕墙，其主要功能为美化外墙。

反光度（Light Reflection）——反射阳光的程度。反光度数愈低的玻璃便愈能避免光污染的情况，相反反光度数愈高便会有如一面镜一样。

当一块玻璃的反光度愈高的话，隔光度自然愈强，隔热度也通常会比较高。但高反光度的玻璃同时也会阻挡较多自然光，室内需要更多的电灯来照明，产生更多的室内热量。太阳光的热量也会反射至其他大厦，对其他大厦造成光污染，所以反光玻璃幕墙非常不环保。为了解决这问题，近年出现了双层玻璃，开始流行使用Low-E 玻璃。

以十五毫米的单层反光玻璃作为标准的话，U-value ~ 8.7W / K · m^2, S.C. ~ 0.6, Light Reflection ~ 90%。以十毫米 + 十二毫米 + 十毫米的双层 Low-E 中空玻璃作为标准的话，U-value ~2.5 W /K · m^2, S.C. ~ 0.4, Light Reflection ~ 20%。

由于昔日的玻璃幕墙大都只会采用单片玻璃，因此隔热度相对Low-E 中空玻璃为低，需要使用较高隔光度和反光度的玻璃来反射阳光，才能达至适当的隔热效果，但就制造了光污染 *pic.5*。最理想的幕墙玻璃是 U-value/S.C./Light Reflection 都是低的数值，这样便可以同时达至高隔热、高传光度而又能减少光污染的情况，亦即是把阳光的光和热分开了 *pic.6*。

当阳光射进室内，室内有足够的阳光作照明，减少对照明的需求，而同时阳光的热量被玻璃中层空气阻隔，减少对空调系统的依赖。机电工程师根据玻璃幕墙的受热程度、空间的大小、人数的多少、灯具的多少、电脑的数目等因素来计算室内的冷气量（Cooling Load）。高效能的玻璃幕墙可以有助提高室内的光度，亦同时减少耗能和对四周环境的影响。

pic.5 高反光单片玻璃

pic.6 低反光度双层中空玻璃

可开启的窗户

大家以为玻璃幕墙是不能开启的，但根据消防法例，大约每十个玻璃幕墙的窗户内需要有一个是可开启的，目的是在火灾时可以开窗让浓烟散出，让新鲜空气进入，增加生存的机会。

大家肯定会怀疑，因为当大家明天回到办公室时是不会找到窗户的手柄。这些手柄都被管理公司在消防处验楼后收起来了，管理公司担心租客随意打开窗户，所以在有需要时才加回手柄。这一点我虽然不肯定是否犯法，但相信是与原有的消防法例有所违背。因为一厘米厚的钢化玻璃是难以人手打破，除非使用特别的钢斧，就像冷气巴士玻璃窗旁的小型钢斧。至于管理公司为什么不希望租客随意打开玻璃幕墙的窗户，相信是担心会有高空掷物、影响大厦外观或是不想室内的冷气流失。

我的一位德国籍前上司就曾大力鼓励发展商在玻璃幕墙加上一个可开启的小窗户，好让室内的空气可以自然对流，减少使用冷气。但发展商相信香港人是被宠坏了，为求方便只会二十四小时开冷气而否决了他的设计。其实香港的冬天不太冷，每年总会有数个月是不须使用冷气或暖气，只需新鲜空气便足够。如果玻璃幕墙不是全部密封的话，应该可以大量减少对冷气的需求。

1.5 营造悬浮效果

凌霄阁

香港绝对是外国建筑师的福地，除了设计汇丰总行大厦及香港国际机场的建筑师诺曼·福斯特之外，还是另一名英国建筑师扎哈·哈迪德（Zaha Hadid）的成名地。

在一九九一年，当时刚创业不久的扎哈·哈迪德为了增加自己的知名度，参加了香港凌霄阁重建项目的国际设计比赛。她的构思是新的凌霄阁应该好像电路板一样，一个个单元插在结构之上，就好像香港的建筑物，一座座插在都市之上。由于设计构思新颖，被当年主评审矶崎新（Arata Isosaki）选为冠军。

扎哈·哈迪德的方案虽然获奖，但是由于这方案只注重建筑物美学，而没有仔细考虑建筑物的功能，再者她创作的外形异常复杂，令施工成本和难度都相当高，而她亦没有考虑很多实际的情况，所以扎哈·哈迪德被人狠批为“纸上建筑师”（Paper Architect）。

业主认为就算他们投放资源在她的方案之上，最终的结果都很可能因为技术和成本问题而被迫放弃，所以业主便选择了同项比赛中特里·法雷尔（Ferry Farrell）的方案来兴建凌霄阁。

凌霄阁中空部分后以玻璃加建为商场，尽量保留升在半空的感觉。

pic.1 凌霄阁中空部分后以玻璃加建为商场，尽量保留升在半空的感觉。

成功的推销

特里·法雷尔中标的关键在于沟通。业主是香港上海大酒店有限公司，管理层未必受过建筑专业训练，所以简单清晰的解说十分重要。业主的要求其实很简单，就是要建一座从远方都能够看见的地标性饮食和娱乐中心 *pic.1*。

因此，特里·法雷尔将零售和缆车站设在下半部，将餐饮部分放在升高的空间内，升高那部分是半圆形，因为香港的高楼大厦主要是长柱体，所以半圆形的外观从远方便可以一眼认出 *pic.2*。

由于地盘面积不大，而且依山而建，所以不能够建造庞大的建筑群，在建筑上亦需要平衡上下两部分的功能比例。因此半圆形顶部的高度是水平线以上四百二十八米，这亦是法例容许之下最大高度，半圆形的底部则是原有车站的顶点高度。

然后，将整座建筑物的高度大约分为四部分，半圆形部分占四分之一，中空的部分占另外四分之一，余下的正方形部分占四分之二。这样半圆形部分在白天与四周建筑物形状不同，看似是升起了

pic.2

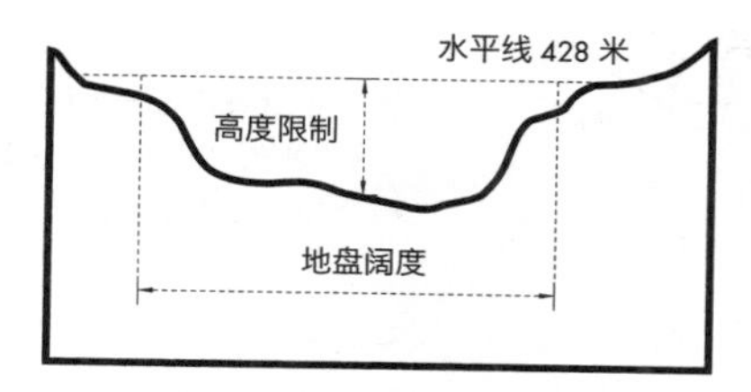

1_ 现场的情况。

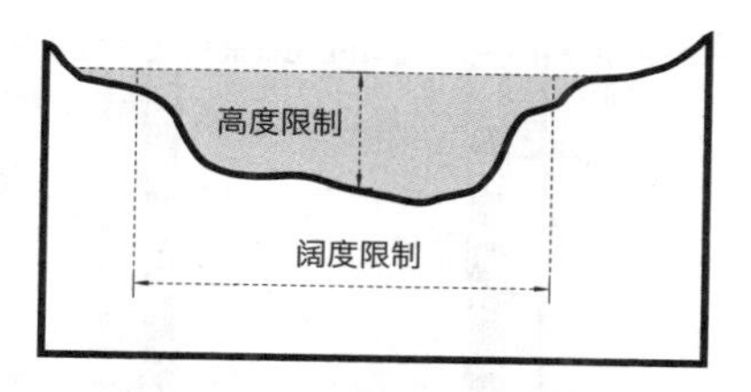

2_ 如果建筑物的体积完全占用整个地盘的话，会破坏了山谷间的整体性。

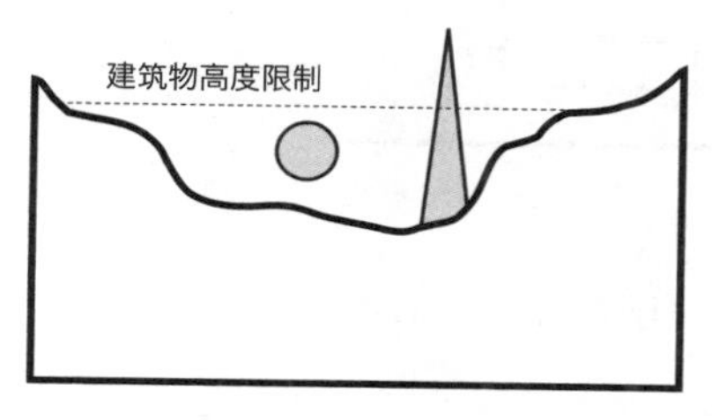

3_ 需要小型的特征来突出整个空间。

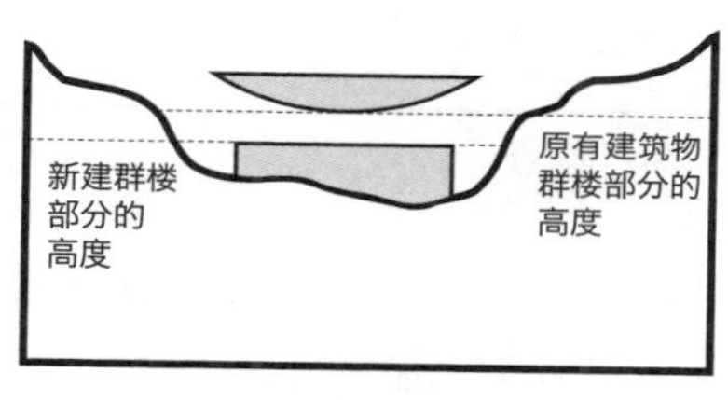

4_ 定出建筑物的基本高度和比例。

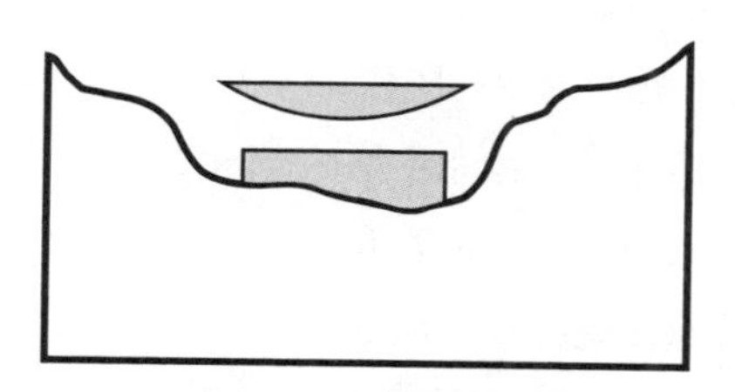

5_ 半圆的外形不会破坏山谷的整体性。

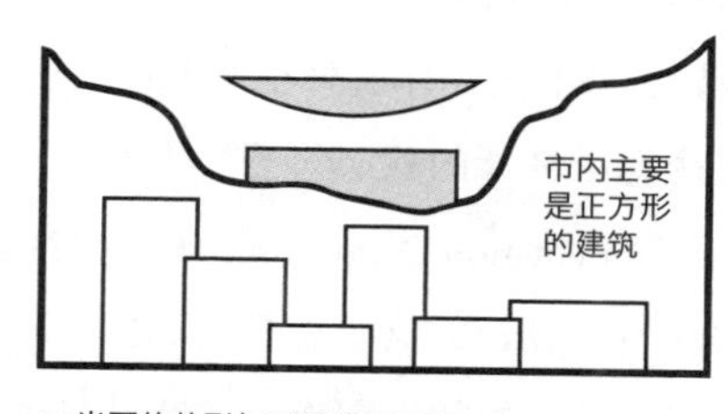

6_ 半圆的外形与四周建筑不同。

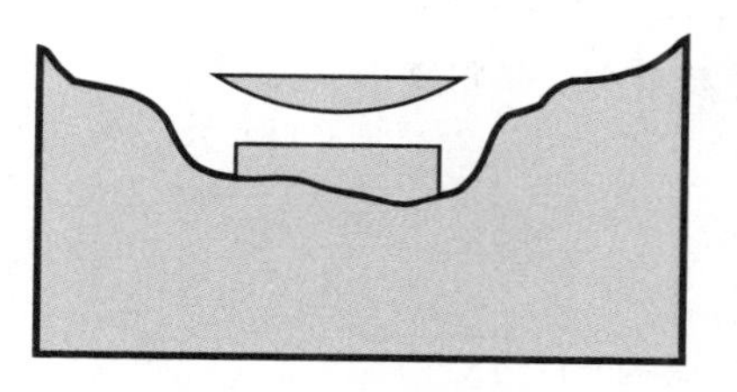

7_ 日间时的半圆形看似升起了的建筑。

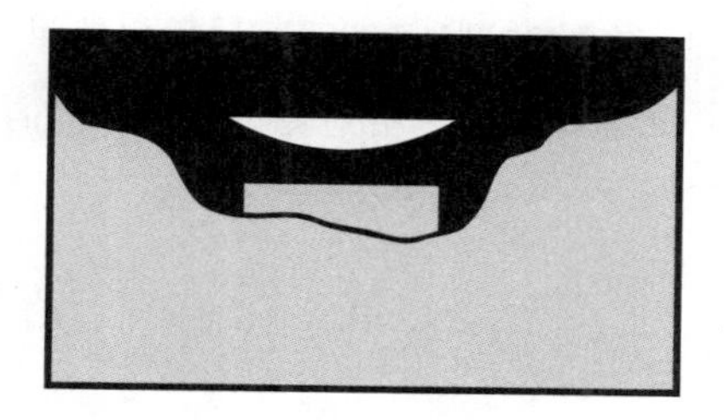

8_ 晚间时的半圆形看似飘在空中的飞船。

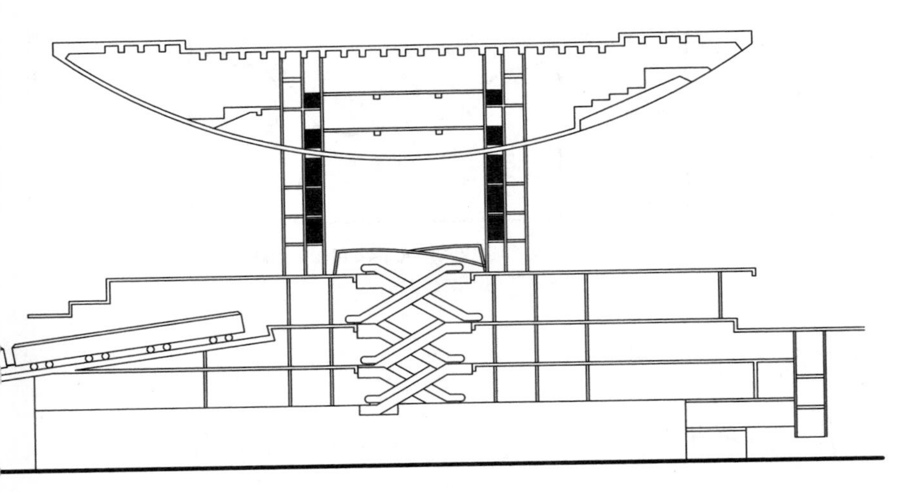

pic.3 凌霄阁原设计是底座上四支大柱托起半圆形建筑，中空的设计让上半部犹如浮在半空。

一样。晚间在灯光的配合下，从远观看凌霄阁的半圆部分，真的像飘浮在半空中的飞船一样。

短短的数百字便把凌霄阁的设计概念讲完了，而推销的图纸就更简单，只靠几张草图。这种表达手法称为“Parti”，亦有人称为“Concept Diagrams”（概念示意图）。Parti 不一定是用来解释外形上的设计，亦有人用作解释空间上或人流上的组合，用很简单的图像来表达整个设计的核心思想。虽然与“Spatial Diagrams”（空间组合图）和“Circulation Diagrams”（人流动线图）很相似，但是 Parti 是用来解释整个设计的核心思想。所以，无论你设计重点是哪样，Parti 便是表达设计的重点图像，亦即是整个设计的卖点（Selling Point），并且一层层分析下来做出一个设计，而每个设计步骤都是有理据支持。由于解说清晰易明，而且具说服力，就算非建筑专业的人都能明白，令他的设计深入民心。所以特里·法雷尔能够在安藤忠雄、Aldo Rossi、扎哈·哈迪德和三个香港的大楼等高手中，赢得这个项目。

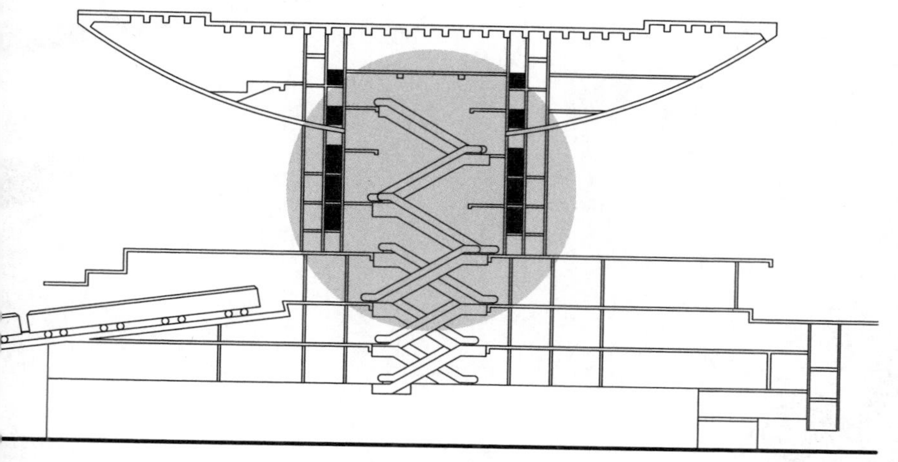

pic.4 凌霄阁在中空部分加建商场及扶手电梯，以带动人流往上半部的餐厅，但此举则令半圆部分失去“浮”在半空的感觉。

难以浮起的结构

虽然原本的建筑概念是希望凌霄阁的上半部分看起来像升在半空一样，但是为了维持结构上的安全，半圆形需要四条大柱来支持，令“升起了”的感觉降低了。原本的设计概念也希望凌霄阁的半圆与底座部分有明显的分隔，借此分流一般游客与高级餐厅两种不同的人流，令管理上更方便。不过，由于分隔过于明显，影响了顶层餐厅的生意，所以凌霄阁近年作出了扩建，将半圆形与底座之间的中空部分连接起来，连通低层和高层的空间 *pic.3、4*。

连通了的凌霄阁虽然可以增加商业空间，但却令“升起”的概念更为模糊，于是中间扩建部分使用全玻璃，尽量保留原有“升起”感觉，而这方案亦可以隐藏原有外露的大柱。

凌霄阁这项目除了造就了扎哈·哈迪德，同时亦为特里·法雷尔打开了整个亚洲市场，并为他带来香港的九龙港铁站、西隧口的通风建筑、香港的英国领事馆和首尔的仁川机场等大型项目，并在香港开设英国以外首个事务所，名利齐来。

CHAPTER 1

1.6 权术与技术的结合

香港国际机场

香港国际机场表面上只是一个基建项目，实际上是英方希望借此来稳定港人信心，并在撤离香港前为英方企业带来一笔可观收入。

当时旧启德机场也已经相当残旧，使用量也接近饱和，严重不能满足需求。而且旧机场太接近民居，万一发生意外的话，就可能造成大量伤亡，就算没有发生意外，启德机场所造成的噪声也严重影响附近居民的生活，所以启德机场确实有搬迁的需要。整个机场人工岛由填海而来，而出入境大楼设于人工岛中轴线上。

新机场的计划是在大屿山赤鱲角填海，兴建一个巨大的人工岛，包括机场客运大楼和两条跑道；兴建北大屿山高速公路、青马大桥、三号干线、西九龙快速公路、西区海底隧道来连接市区。为了进一步增加与社区的连接，把机场快线铁路终站设在中环，也在香港的核心区域进行了大规模的填海工程，来兴建国际金融中心一二期、香港站和四季酒店。另外，为了增加机铁沿线的使用量，更兴建了九龙站、奥运站、荔景站、青衣站，并发展了整个东涌新市镇，亦填了大幅土地作将来西九龙文化区发展之用。整个计划绘制了一幅如“玫瑰园”般美好的蓝图，故又称“玫瑰园计划”，工程之浩大在香港绝对是史无前例。初期的工程预算造价达至两千亿港元，如果将二十年前物价、通胀等因素计算入内，工程造价更不止这个数目。这不单用尽当年香港政府的财政储备，连回归后的特区政府也可能需要负担部分费用。

虽然有必要兴建新机场，不过有很多新机场的可行方案，为何一定要选址在大屿山呢？当年大屿山赤鱲角可以说是一个不毛之地，根本没有合适的土地来兴建整座机场，并且要兴建大量的道路和铁路来连接市区，无论在工程造价上和技术上都是相当艰难的事情，到底当年的英国政府如何说服中国政府和香港市民？

pic.1 整个机场人工岛由填海而来，而出入境大楼设于人工岛中轴线上。

英方游说工作

当年的港督卫奕信提出“玫瑰园计划”，在一九八九年十月的一份施政报告中，锐意借助这个超大型的计划来稳定香港人的信心，继续吸引外商在港投资。虽然英方实际上是希望借此计划，在撤离香港前为英方企业带来一笔可观的收入，但在政治公关上却营造成是把香港人的钱用在香港，而且这计划不单可以解决旧机场的饱和问题，还可以为香港带来大量的商机和就业机会，最重要能稳定动荡的民心，英方就这样说服了香港人接受这史无前例的巨型工程 *pic.1*。

另外在中英讨论期间，英国大使不断游说，并且在预留给香港特区的储备金之上作出多次让步，由原本的五十亿港元大幅增加至两百五十亿港元，整个计划的造价也由两千亿港元大幅降至一千五百五十三亿港元，而且容许中国银行在这计划中发挥适当的作用。若非多方面尽量满足中方的要求，中方又怎会在一九九一年签署《关于香港新机场建设及有关问题的谅解备忘录》，并支持相关工程？而“玫瑰园计划”就变成和政治分不开的建筑项目。

pic.2 “Y”形登机位设计让旅客在最短距离内登机或转机。

复杂的建筑　简单的流程

设计一个飞机场客运大楼，最困难的不是处理飞机的问题，而是人流的问题。因为飞机的航道已有既定的标准，而且飞机师都会严守机场定下的规矩，所以相对地容易管理。但机场的人流便相对的复杂，不单人流种类多，而且需要应付很多首次使用这机场的人士，他们可能会随时走错路。

机场的人流大致可以分为入境旅客、出境旅客、接机或送机人士，职员包括机组人员、海关人员、警察、入境处人员、机场营运人员等，而最重要的就是出入境前、后人士的分隔。在同一个建筑物之内有已入境和出境的旅客，需要仔细分隔不同种类的人流，但同时需要让职员可以方便无阻地通过不同的区域工作。由于两个要求互相矛盾，所以变得异常复杂。

为了解决人流问题，香港机场分为三层，最高层是离境大堂，中层是入境大堂，而最低层是停车场和员工入口。这样便简单地分

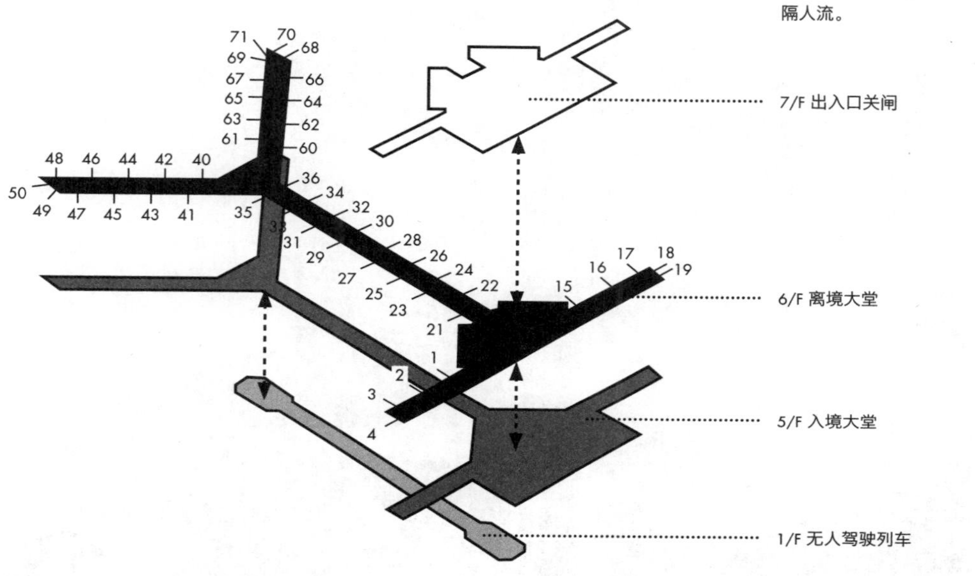

pic.3 机场以三层设计分隔人流。

开了三个主要人流，而离境和入境大堂都直接连接机场快线铁路，有效分流及疏导人流。为了能更清晰地分划人流路线，一号客运大楼的形状设计成双“Y”形 ***pic.2***，目的就是让人流只有一个方向，最多也只会同时出现两个选择，有别于旧式四方盒设计。登机闸口分布在不同的分枝上，好像八爪鱼一样 ***pic.3***。

“Y”形设计相比“一”字形横向设计更优胜，可以缩短客运大楼与登机闸口之间的距离，而同时增加登机闸口，令其他配套设施更容易到达客运大楼。话说回来，整个客运大楼是位于赤鱲角人工岛的中轴线之上，轴线的两侧是飞机跑道，而在中轴线的另一端是维修中心，其他的配套如警署、邮政中心、货运大楼和膳食中心都设在离一号客运大楼不远的人工岛南部，为客运大楼提供更好的支援。

在的士停车站和机场快线铁路位处的建筑有四层楼高，离境大堂和入境大堂处是三层半楼高（离境大堂的餐厅只有半层楼

23
25
29
31
33
26
24
22
25-80
28

pic.5

高），登机大堂是三层楼高，令一号客运大楼的屋顶由门口到登机大堂形成一个斜度。登机大堂在海关楼层之下，游客过了海关之后，能从高点观看整个登机大堂，而当游客乘扶手电梯至登机大堂时，视点慢慢从高处向下移，焦点会落在登机大堂的尽头 *pic.4*。这个设计理念与机场设计师诺曼·福斯特在伦敦设计的 Canary Wharf（金丝雀码头）地铁站相类似，一号客运大楼的屋顶更是这个设计理念的大成版本。由于登机大堂的空间更大，视觉上均有足够的景深，两侧的玻璃令横向视野更加广阔，使游客在感观上进入了一个长而阔的空间，心情自然舒畅。如果游客再搭乘横向扶手电梯至较远的登机处时，视点将会慢慢缩短，在视觉上有不同层次的感受。

流线型屋顶

香港机场虽然大，形状好像不是很复杂，表面上只是一连串的拱门连在一起的“Y”形建筑物 *pic.5*，但屋顶为何要不惜工本来兴建？

首先，机场屋顶呈圆拱形，当大风吹过时便会出现向上的浮力（Upthrust Force），情况就好像一个反转了的飞机翼或汽车的定风翼一样。由于机场屋顶只用金属造，重量小，当遇到台风时很可能会

pic.4（左页）由海关楼上（离境大堂上层餐厅）望向登机位，屋顶的斜度将旅客的视线带往登机大堂尽头。

pic.6 屋顶的弹簧用以抵消屋顶被强风吹袭时的震荡，以防玻璃被震裂。

被吹走，因此屋顶的支点需要加强拉力。不过，最大的问题是四周的玻璃幕墙，因为风不会以同一速度吹向机场，而是以阵风的情况出现，风力时强时弱，所以向上的浮力亦自然会随风力的强弱而有所变化，这样的震动力容易震裂玻璃幕墙，因此需要在玻璃与屋顶之间加上一个弹簧来吸收不同程度的震动力 *pic.6*。不过，机场屋顶呈圆拱形，受力的程度不一样，因此单是这个细节部分便用了两年时间来设计。

一号客运大楼的屋顶呈流线型由高处微微向下延展，每一区的接驳口都不是九十度，组合上难度高。而且每一个部件由于弯曲的形态不同，需要在工厂定造，然后在工地现场根据编号逐一排序拼合，并且需要调校和修正，所费的时间不少。

福斯特用了三角形部件来作为3D流线型的屋顶单元，使这屋顶能够有较多的标准件，以减少工程上的开支。在设计时，建筑师及工程师都需要利用电脑把整个屋顶分割成不同的三角部件，才能

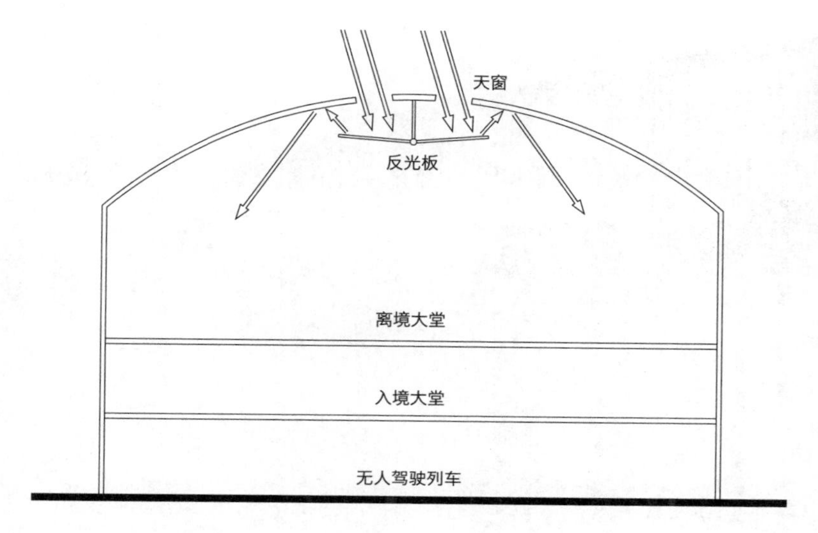

pic.7 阳光从天窗照射在反光板之上，然后再反射至屋顶并再散射至整个离境大堂。

运算出哪一个为最理想的标准件，并划出不同的非标准件，经过反复计算才交给工厂处理。由此可见福斯特在一九九七年时已拥有高超精算的建筑技术。

革命性的阳光设计

至于灯光方面，离境大堂的天花板上有一排天窗，但是香港夏天的阳光猛烈，所以屋顶只开了一对小小的三角形天窗，并加上不同大小的三角形金属板，让阳光不会直接照射至大堂，而是反射至天花板之上再反射下来，而阳光当然也从两边的落地玻璃处射进室内 *pic.7*。

至于晚间的灯光，原理也与白天类同，灯光都是从天窗下的吊板处射上天花板然后再反射至离境大堂之内，然后再在个别位置补上灯光，这样白天和晚上的照明效果则不会有太大的差别。这个灯光设计是伦敦斯坦斯特德机场（London Stansted Airport）的进化版。伦敦斯坦斯特德机场虽然同样都有类同的反光板设计，但是令人感

觉楼层净高不足，尽管楼底已有八米高，相信是横向与直向比例不足的关系所致。

因此，香港机场希望突破技术上的极限。福斯特用了三十六米柱网（Structural Grid），即是柱与柱之间距离三十六米 *pic.8*。一般香港的建筑都是用八点四米或九米柱网，甚至也有十二米柱网。因为在八点四米的柱网之内可以容许三台车停泊，九米的柱网也是停泊三台车，不过就浪费了一些多余的空间，十二米柱网则可泊四台车，而所用的梁亦不会太粗，室内空间亦比较实用，因此一般建筑物都是用八点四米至十二米柱网。

为避免像伦敦斯坦斯特德机场的空间感不足的情况，福斯特今次把室内空间的高度调高至十四米，让离境大堂的三十六米横向空间和十四米垂直空间更接近黄金比例一比一点六。另外，入境大堂的空间也扩至二十四米高，游客拿完行李便通过一个大大的空间才乘车离开机场。所以，离境大堂与机场快线铁路及的士停车处都只

pic.8 离境大堂柱网为三十六米，以提供大跨度和高灵活度的空间。

是用桥来连接，目的是希望让入境大堂有更大的空间、更多的阳光，令旅客感到更舒适。

福斯特用的三十六米柱网的确是工程技术上的大挑战，特别是一个又轻而没有粗梁的屋顶。因此只有圆拱的钢结构屋顶才是唯一的选择，无疑大跨度的建筑永远都是福斯特一直以来的标记，香港机场如是，汇丰总行如是，未来的启德邮轮码头如是。

空调从哪里来?

这么大的一个机场，空调从哪里来？消防喷头在哪里？在一般市内常见的大厦吊顶，都是用作不同的机电管道之用，为何机场这样大的建筑物没有如此设备？机场内的水、电、空调和相关的机电管道是由入境大堂的吊顶处通过，并且连接顶层的离境大堂，而空调则是由数台坐地大型空调机处出风和回风，所以屋顶内不用有任何吊顶。

pic.9 图中❶及❷为坐地空调机。

同样由福斯特设计的伦敦斯坦斯特德机场也用了由地面进出风的空调系统 *pic.9*，这样可以令整个屋顶变得很轻，不用重重的混凝土作屋顶，感觉好像旧启德机场一样。第二个好处是由于屋顶的重量减少了，所以用来承重的柱和梁变得更小，令室内空间变得更大。

至于最麻烦的则是消防问题。一般的大厦万一发生火警，人可以从消防楼梯逃至首层或天台等安全的地方，但机场体积大，人流多，而且入境和出境人流必须清楚地分隔。如果发生火警时，出境和入境的人流同时逃至首层的话，就很容易令出境和入境的旅客混合在一起，就算保安人员花工夫逐一检查旅客身份，也有出错的可能。最麻烦的就是这一点很可能成为机场保安的漏洞，让不法分子有机可乘。

因此，机场采用"Cabinet Concept"，这意思是万一发生火警时，把起火点控制在一个范围之内。浓烟和火都不会散开。因此把整个机场大堂分拆成不同小区，然后安装了不同排烟机房，并且在高危的地方如厨房、商店内设置消防喷头，大堂内的家具都属一些不易

pic.10 Skyplaza 为香港机场的二期扩建工程。

燃的材料，当发生火灾时，尽量将火控制在一定的范围之内。因此每个分区不用设置消防火栓，而旅客便不用逃生至首层，只需逃至其他分区，亦不会造成保安的漏洞。

未来的扩建

香港国际机场曾多次成为全球最佳机场，载客量相当惊人。因此机场自一九九七年运作至今都曾做过多番扩建，除了一号客运站的东西两端外，另一个比较重要的扩建工程是二〇〇五年的二号客运大楼 Skyplaza ***pic.10***。

虽然现时机场每年最高飞机起降量达四十二万架次，但预计在二〇一九年便出现饱和情况。所以，现正研究兴建第三条跑道的可行性，但是这项扩建将需要大规模填海六百五十公顷，而且亦会影响在香港水域出没的中华白海豚。由于连带的污染问题不少，所以社会的反响相当大，现在还只是在研究阶段。

Strive for LIFE

1.7
香港海岸线标记

香港会议展览中心

香港山多地少，三面环海，如要扩充土地最有效的方法是填海，因为填海得来的土地全是平地而且是临海，这不单可以解决香港土地短缺的问题，而且肯定可以借助高昂的卖地收入填补填海工程的支出，甚至提高政府收入。

因此香港一直以来都是以填海为都市土地发展的主导，多年来共填了接近三千六百公顷土地。

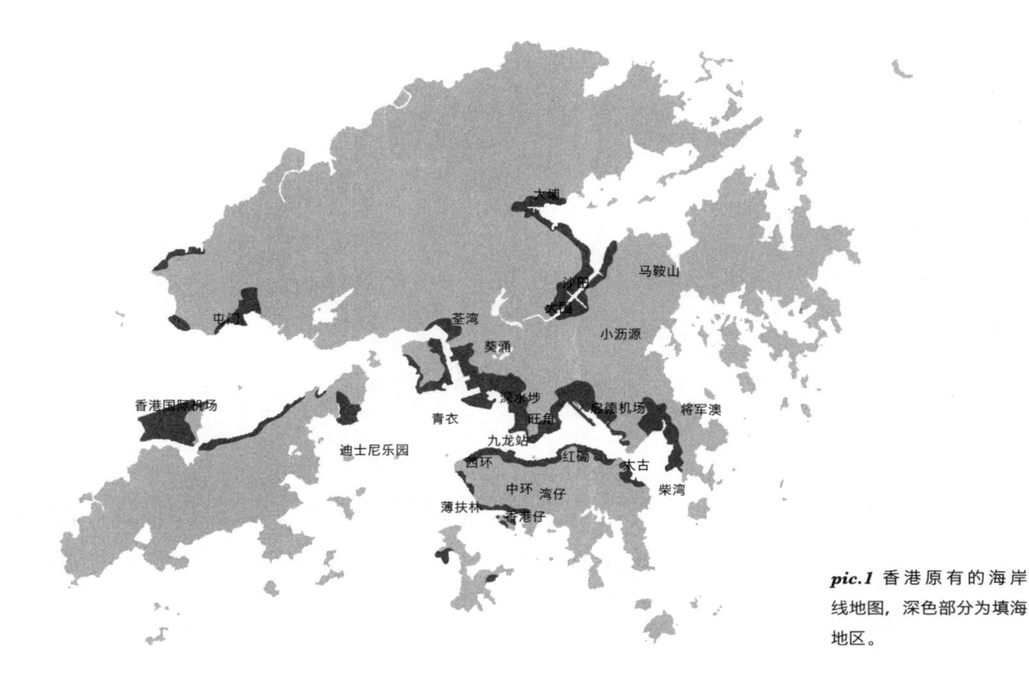

pic.1 香港原有的海岸线地图，深色部分为填海地区。

填出未来？还是填出祸来？

由于卖地成绩长期理想，卖地的收益已占政府收入百分之二十至百分之三十，政府的库房开支一直都依赖卖地来补贴，使香港长期属于低税率区域，而香港政府则长期奉行高地价的政策。

填海虽然从经济和规划上可以说是最简单而且稳妥的扩充土地方法，但是总有缺陷。首先，填海会破坏海洋生态，破坏海床，影响水质。再者就是对社区连锁性的破坏，因为新填海的地皮首选通常是维港两岸地价最高的地段。在新填海地段上的建筑物无疑会成为新的维港地标，而且保证是全海景的大厦，投资回报就自然有所保证，所以吸引了很多发展商争相在新填海区域处投地发展。而且发展商亦会积极推动政府在优质地段上继续填海，让发展商可以在稳定回报的基础上发展。

但是，由于沿海的地皮都极为昂贵，发展商必须以多层或高密

pic.2 中环龙汇道的填海情况。

度的方式来发展才可有盈利，这就自然对内街造成屏风效应。由于新建筑物无论在景观、采光和通风上都会影响内街的大厦，市民更加希望迁移至沿海地段，进一步推动对填海土地的需求。由于优质地段持续供不应求，所以令到香港过去百多年来填海地段主要都集中在维港两岸，单是维港两岸的填海已接近香港总填海面积的一半 ***pic.1*** 。正所谓"物极必反"，当填海工程增幅太大，市民开始意识到海港缩窄，愈来愈多的市民对"填海"一词感到抗拒。

改写维港命运的官司

以填海方式来换取土地已成为香港政府惯用的方法，因此机场核心工程之中的机场跑道、客运大楼、中环国际金融中心和湾仔会议展览中心都是从填海得来的 ***pic.2***。香港政府一直以为可以继续用填海方式来扩展优质地皮，但在二〇〇四年政府原打算继续进行中环至湾仔及湾仔至铜锣湾的填海工程之际，便遇到极大阻力，发生了一宗改变维港命运的官司。

由律师徐嘉慎和前立法会议员陆恭蕙带领的保护海港协会（Society for the Protection of the Harbour）向高等法院提出司法复核并收集了十七万个签名，抗议政府在中环和湾仔进行填海工程，并

pic.3 维港两岸的大部分土地都是填海得来的。

指控政府违反保护海港法例（Protection of the Harbour Ordinance）。此举不但可能令由现有的海岸线推出三百五十米的填海工程停工，政府也需要向承建商赔偿数以百万元的违约款项，预计在这里建筑二十多幢的商厦和商场、湾仔绕道和绿化地带等工程也会泡汤。

结果保护海港协会在中环的填海工程诉讼中败诉，但在湾仔的填海工程中胜诉。原本保护海港协会准备向终审法院就中环的工程提出上诉，但因为排期的关系可能要在一年之后才开审，届时中环的填海工程部分也已完成，因此放弃了上诉。但在湾仔工程上的官司判决中，列下了三个填海条件：

①迫切的公众需要（Compelling, Overriding and Present Need）

②没有另类可行方案（No Viable Alternative）

③对海港的破坏降至最低（Minimum Impairment to the Harbour）

这三点即是要求政府在有迫切的社会需要、没其他可取代方案及需将填海影响降至最低的情况下，才可进行填海工程。这不单在湾仔填海工程中作了一个翻天覆地的变化，新湾仔绕道的设计亦需作相应的大幅修改。不过最重要的是打击了香港所有的填海工程，因为世上没有一个填海方案可以说是不可被代替的，这等于叫维港两岸不能再有大型填海工程 *pic.3*。

pic.4 皇后码头被强迫拆迁时，市民全力发起保育运动。

填海官司虽然告一段落，但是风暴没有就此停下来，紧接着的是，政府要拆卸旧天星码头和皇后码头以进行填海工程，并在另一边新的海岸线上兴建新的码头。因此另一群保育人士所组成的“本土行动”团体，便偷偷进入旧天星码头和皇后码头的拆卸地盘内，持续进行数天的绝食抗争和静坐 *pic.4*。他们认为天星渡轮代表了香港的本土文化，而皇后码头更是英女王登港的码头，因此极具历史意义，所以绝对值得保留。

抗争活动持续一段时间，政府最后以快刀斩乱麻的方式，在极短的时间内迁拆旧天星码头和皇后码头。现在的龙汇道便全是填海得来的，这一条道路当年便随时可能因为这两项官司而不能兴建。

维港中的人工岛

从维多利亚港填海得来的重点建筑物便是香港会议展览中心（下称“会展”）。会展分一、二期，一期（又称“旧翼”）包括展览厅、两座酒店及办公楼，二期（又称“新翼”）是由一期向海延伸的展览厅。会展二期共十五万平方米，建筑在一个人工岛之上，用一条一百一十米横跨海面的巨型天桥来连接一、二期。为应付不断增长的展览空间需求，会展在二〇〇六年中展开中庭扩建工程。但是受二〇〇四年保护维

pic.5

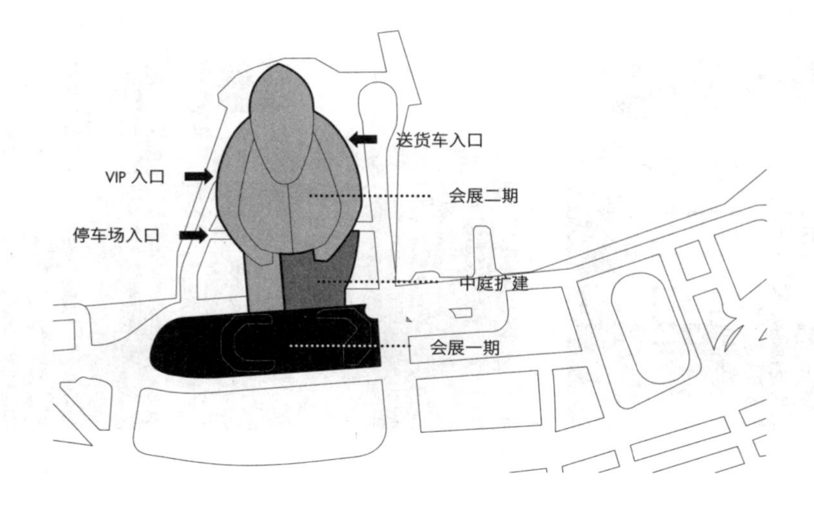

港官司的判决所影响，已没有可能在维港上填海，所以会展的扩展工程只能考虑在现有的桥身范围之内扩建，即是拆掉现有一期与二期之间的吊桥并兴建一条更巨型的吊桥。这便能把会展一期和二期连接起来，形成一个巨大的展览厅。新翼的展览厅二、旧翼展览厅五及中庭扩建部分会被合并为新展览厅三，最多可放一千三百多个标准展位，占地七千二百平方米。另外，新翼的展览厅三、旧翼展览厅七及中庭扩建部分会被合并为新展览厅五，占地五千平方米 pic.5。

为了尽量不影响现有的海床，大部分的结构需采用反传统的由上而下“倒吊”式兴建。工程首先需要加固两边的结构并且在屋顶处加上大型的钢框架，然后其他的柱子和楼板都是从这个钢框架处吊下来。因此中庭扩建工程用铁量达二点八万吨，这个数目足以兴建中环国金二期了。

pic.6 会展面海的一边为会展二期。

特别的屋顶　特别的问题

会展二期 ***pic.6*** 的规划其实很简单，就是把平面空间分成四份，大约四分之三为展览空间，其余四分之一为展览厅前厅，一条垂直的前厅走道从一期入口直达维港旁的大厅，而所有的送货区及后勤通道全都设在会展新翼的另一端，就利用这样的规划简单地分开了不同的人流。另外，会展新翼经常举行重要会议及活动，必定会有很多政要、元首到达此处，因此便在展览道旁（即整座大厦的中央部分）增设 VIP 入口，让各国贵宾可避开主人流直达大宴会厅。大宴会厅位于新翼顶层，是整座大厦的末端，大宴会厅的前厅全被维多利亚港的景色包围，再加上这里楼高超过十米，极富空间感。

会展新翼的特别之处在于其屋顶外形，这个屋顶不单是会展新翼的标记，亦是维港两岸的重要标记。这个像飞翼般的屋顶，其实是由三个主要部分组成，其一是中央的圆拱形，然后是左右两侧分

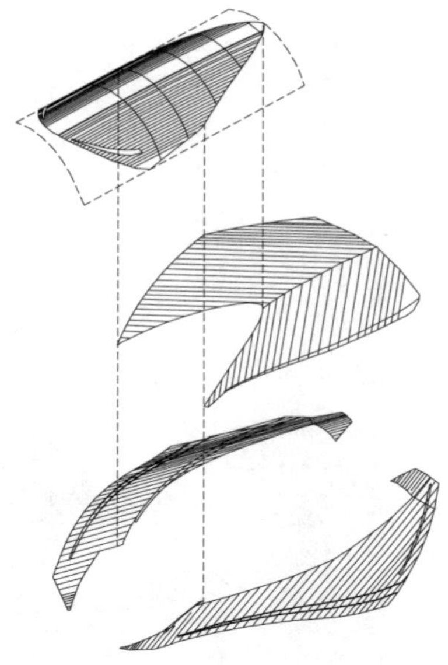

pic.7 由于会展屋顶呈圆拱形，需分为三层结构组装，用电脑计算尺寸，以防出现误差导致接口不齐漏水。

两个层次的波浪形金属铝板 *pic.7*。

若要建造波浪形铝板并不困难，因为铝板是可以双向性弯曲，而且在一个如此大面积的屋顶，每块铝板的弯曲度是有限度的，只要利用电脑 3D 技术便可以准确地分割出不同大小的铝板，所以制作铝板的问题不是太大。不过，组合两块弯曲的铝板便是问题所在，因为两边的接合都是弯曲的，如果万一其中的一块铝板出现了偏差，两块铝板便不能组合起来，更可能导致整个屋顶的铝板位置都有误差，有可能会导致屋顶漏水。为解决这个问题，每块铝板便需要预先在电脑上计算其大小，在生产前预先留下接合口的位置，这便可以减少在工地施工时的误差。

因为这个屋顶是圆拱形的，当强风吹过时便产生一个上升力（Upthrust Force）把屋顶掀起，情况犹如飞机翼一样。在一般情况下，屋顶的物料愈轻愈好，希望可以减少负重，特别在这么大的跨度空间内，如果屋顶负重太大的话，便需要加深屋顶的钢梁，从而会影响室内的净高和空间感。不过，若屋顶物料太轻的话，便很容易被风吹走，特别是香港经常受到台风吹袭。为解决这个问题，这个屋顶是由一组横向和一组纵向的钢框支架（Truss）来支撑，每组支架

pic.8 因填海兴建海底隧道入口❷的关系，奇历岛❶与陆地相连。❸为湾仔绕道的填海工程。

相互紧扣，每块铝板牢牢地固定在钢框架之上，并互相紧扣在一起，除能承受屋顶自身的重量外，也降低被吹起的危险。

原有海岸线的标记

维港两岸经历了多次的填海之后，原来的海岸线早已面目全非。不过，在都市里还有几个建筑地标隐约保留了这条旧海岸线。第一个是湾仔集成中心旁篮球场上的墙，这里以前是海岸线上防波墙的位置，现在篮球场的位置原先应该是沙滩。

第二个地标是电气道中的前政府物料供应处旁的一座英式建筑，这里原是皇家游艇会的会所，而这建筑物原是一个码头，游艇停泊在这里，但是填海之后，码头便成为政府的一个货仓。这建筑物属于 Art & Crafts Movement 时期的建筑，亦是香港二级历史文物，因此得到政府的保护并将它改为艺术廊。

除了这个消失了的码头之外，还有一个消失了的岛屿同样是香港海岸线的标记。在维多利亚港之中，原本有一个岛屿名叫奇历岛（Kellett Island，又名吉列岛）***pic.8***。一九三八年香港游艇会由炮台山

pic.9 位于筲箕湾的香港海防博物馆以帐篷为屋顶，以防过百年历史的混凝土墙无法承受新建屋顶的重量。

电气道迁至奇历岛。一九六九年，因为填海兴建海底隧道港岛入口，并与铜锣湾一带的陆地连接，这个岛屿便从此消失在历史中。

第三个重要的标记在筲箕湾的海防博物馆 *pic.9* 内，这建筑物原为旧鲤鱼门炮台 *pic.10*，这座具百年历史的炮台不但见证了香港的原有海岸线，亦是“二战”时期香港的重要建筑。这座炮台始建于一八八五年，由于位处维多利亚港东面入口的军事要冲，所以过往一直都是英军的重要军事基地，并在这处配有兵营、弹药库、炮弹装配室及煤仓等设施。这炮台曾在日军入侵香港时发挥重要的作用，英军曾在此多次阻止日军从对岸的油塘魔鬼山渡海登陆，但因双方军力悬殊，炮台最后被攻陷。

“二战”结束后，这炮台和军营一直被英军用作军事训练之用直至一九八七年，然后在一九九三年被建筑署重新发展成海防博物馆，现在的中央展厅就是当年的堡垒。中央露天广场上的帐篷屋顶，增加室内的空间并为这座过百年的历史建筑带来一个新的建筑

pic.10 海防博物馆内炮台为原本海岸线标记之一。

外观。因为这建筑旧有部分的混凝土已相当老化，就算经过修葺都未必能承受大规模新加结构，更不可能在原有的基础上作大范围扩建，所以在避免破坏旧建筑的前提下，利用大帐篷来增加展览空间可以说是最理想的扩建做法，而其他的士兵营房或弹药库便被用作不同的展厅。

香港岛的电车路大概都是香港岛原有的海岸线位置，而太古城和黄埔花园都是海岸线的标记，这两处分别是原来的太古船坞和黄埔船坞，所以现在黄埔的其中一个商场建成一艘船的形状，便是这个原因。究竟香港填了多少面积的海？历史记载大约是三千六百公顷。

CHAPTER 2

建筑
＋
人文生活
HUMANITY
&
CULTURE

Shangri-La
POAD

CHAPTER 2

2.1
永无休止的战场

添马舰政府总部

政府总部是议政的地方，亦是市民表达意见的地方，一直以来都“不得安宁”，就连这块地皮的发展权都一直争论不休。

政府总部的所在地原是英军用地，作为露天停车场。“九七”回归后这片地顺理成章变为解放军用地，但他们并不需要这么大的空地作停车场，所以这块地皮一直空置多年，只举办过一些临时活动，如维港巨星汇、环球嘉年华等。

这块临海地皮位于香港核心金融区的边缘，价值可达数百亿，而且中环、金钟区自国际金融中心、建设银行大厦和友邦金融中心落成之后，一直没有新的临海商厦，所以香港各大发展商一直都希望添马舰地皮能公开拍卖作甲级商业大厦的发展。

不过，由于近年香港市民开始关心都市密集式的发展对环境造成影响，如果添马舰地皮作高空发展的话，很可能会造成屏风效应，因此很多环保团体都希望保留这块珍贵的临海地皮用作公园，所以政府一直迟迟未能落实添马舰地皮发展方向。直至二〇〇五年，时任特首曾荫权决定把这地皮用作新政府总部、新立法会大楼和新的行政长官办公室。

pic.1 新政府总部左边为立法会大楼，中间为政府总部高座，右边为低座及行政长官办公室。

颇富争论的招标过程

添马舰的发展工程包括兴建三座建筑物 *pic.1*，总建筑面积约十三万六千平方米。第一座政府总部大楼高座，包括政务司司长办公室、财政司司长办公室，以及十一个决策局办公室，楼高二十九至四十层。

第二座是政府总部大楼低座，包括行政长官办公室、行政会议办公室与多用途会议厅等设施，楼高十层。两座政府总部大楼预算总建筑面积约十一万平方米。

第三座是立法会综合大楼，包括立法会会议厅及立法会议员办公室等设施，楼高十层，总建筑面积两万六千平方米。此外，工程亦包括兴建不少于两公顷的公众休憩用地。

原来的中环立法会大楼将会成为终审法院的新大楼，这让原先的最高法院大楼重新拥有法院功能。政府回应了保留香港岛山脊线以及维多利亚港景色的诉求，将高度限制由一百八十米降至不超过香港主水平基准的一百三十米至一百六十米，即预留百分之二十山脊不被建筑物遮挡 *pic.2*。因此，政府需要降低添马舰的发展密度，将部分办公室及原预留给香港规划及基建展览馆用作永久展览的空间从发展工程中删去。

pic.2 政府总部高度与山脊线有百分之二十的距离。

添马舰发展工程预计总造价五十一亿六千八百万港元，当中三座大楼的造价为二十九亿五千万港元，即平均每平方米约二点一六万港元。由于造价惊人，承建商的利润程度相当可观，而且承建商的主导权很大，所以吸引了不少投标商来竞投。甄选工程承造者的过程分为两个阶段。首阶段是预审申请者资格，次阶段为邀请通过预审的申请者参与投标，最后选出承造者。

早于二〇〇二年八月至十一月期间，政府已开始资格预审阶段。在这个阶段中，政府选出不多于五个具有设计、管理、财务及技术方面能力的申请者，邀请他们参与投标。当时评审委员会共接获八份申请，最后于十二月十八日选出其中五家机构。然而，由于工程于二〇〇三年暂时搁置，这次资格预审亦宣告无效。二〇〇五年底，政府重新启动甄选程序。首个阶段于二〇〇五年十二月二十日至二〇〇六年三月十四日重新进行。这次评审委员会收到四份资格预审申请，并于二〇〇六年五月十五日通过全数预审申请。投标阶段于二〇〇六年九月二十九日开始，原定二〇〇七年一月二十六日结束，其后延长至同年二月十六日，而通过预审资格的四个投标者均有参与这次投标。

这次投标使用的是“设计与建筑合约”（Design and Build

pic.3 高座顶层的通风设计。

Contract）模式，而非香港常用传统合约（Traditional Contract）。这两种合约主要分别是在于承建商是在设计完成前，还是完成后才参与项目。香港主要进行传统合约，相反在英国主要是进行设计与建筑合约。因为香港的发展商比较喜欢确定设计后才招标，这样可能比较容易控制设计品质，但是建筑成本可能会与初期的预算有很大分别，因为最终的投标价是根据最终的设计方案来定，而事实上大部分的工程最终造价往往都超出原来的预算。

设计与建筑合约最大的好处就是可以简化投标程序，承建商同时负责设计和兴建，投标和设计时间可能会缩短，而发展商亦可以在设计早期阶段确定建筑成本。但问题是由于设计未完成便投标，报标后的价钱亦不能更改，后期的设计便唯有将货就价。再者，由于承建商亦早已参与这项目，所以后期的设计一定会从承建商的利益处着想，设计质量自然成疑。

简单来总结两种合约的分别：

传统合约（Traditional Contract）：将价就货

①项目经理规划发展大纲

②测量师进行预算

③设计团队进行设计

④设计完成后向政府报审

⑤测量师准备标书

⑥承建商根据标书投标

⑦项目经理／设计团队选择承建商

⑧胜出的承建商进行施工

设计与建筑合约（Design and Build Contract）：将货就价

①项目经理规划发展大纲

②设计团队进行简单的初期设计

③测量师根据发展大纲和初期的设计准备标书

④承建商根据标书投标

⑤选择承建商

⑥胜出的承建商与设计团队合作设计和规划施工

⑦设计完成后向政府报审

⑧承建商进行施工

由于添马舰这项工程属政府重点项目，每项开支就自然会被外界看得很紧，政府为了有效控制成本，选择了设计与建筑合约而不是传统合约。因为投标价已在设计早期定下来，政府便能在很早的阶段确定建筑的总造价，避免超支。

不过，政府为了进一步简化程序，只提供设计大纲，而承建商需要提供设计方案，因此这次的投标不是价钱和承建能力的比较，还包括设计方案 *pic.3*。表面上这是一个既可以控制成本，又可以控制设计品质的做法，但这样的安排最大问题就等于让中标的承建商拥有所有修改设计的权力，而设计亦只可以根据他们的意愿而作出调整。投标

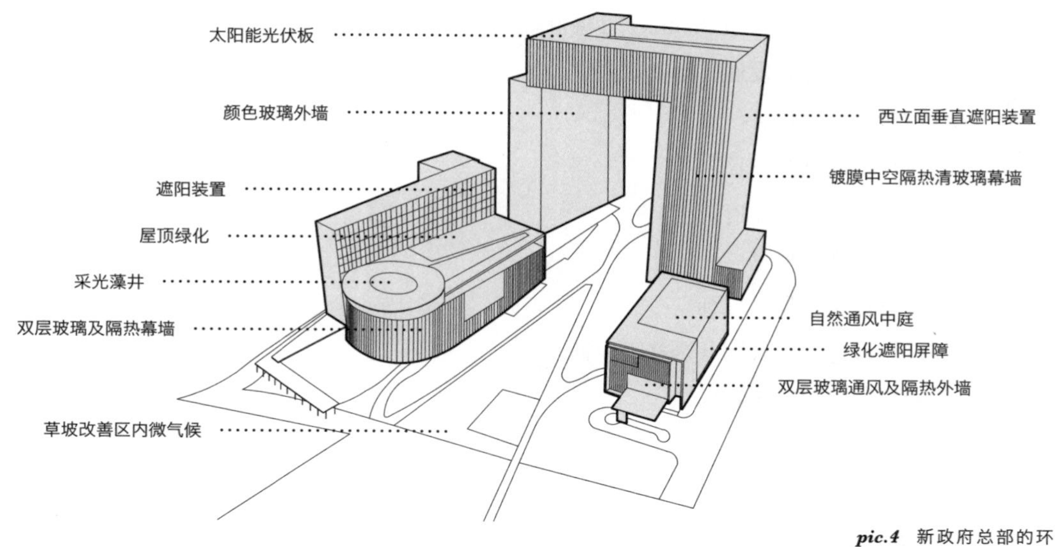

pic.4 新政府总部的环保设计概念。

时的设计方案只属概念阶段，还有很多详细设计工作未完成，最后的设计和施工品质可能与原先的方案有很大差别，当时就有人质疑政府为何可以欣然将设计控制权交给承建商，而不在设计流程上把关。

尽管是设计与建筑合约，政府还是可以在机制上调节来确保设计品质。例如英国常见的设计与建筑合约模式是，设计权仍然在发展商选择的建筑师手上，建筑师直接由发展商招聘，承建商与建筑师之间只是合作伙伴，双方都需要向发展商负责。再者，承建商虽然参与设计，但设计控制权还是在建筑师手里，情况与新政府总部的情况不同。新政府总部的设计权和施工权都交给中标的承建商，这个做法有不少令人质疑的地方。

新政府总部（下称“新政总”）的争论不只在选址和招标模式，当然还包括其建筑设计。“新政总”的建筑群设计概念是“门常开、地常绿、天复蓝、民连系”，整个建筑群以中轴线来规划。“新政总”高座位于轴线的中心，东边为立法会大楼，西边为特首办公室。

“新政总”高座以“凯旋门”的外形设计，正所谓“门常开”，拱门之下便是大片绿化空间，以体现“地常绿”。由于“新政总”的建筑

pic.5

高度由一百八十米降至一百六十米，以保护太平山的山脊线，中央拱门的设计也减低了大厦的屏风效应。立法会大楼采用了遮阳装置、双层玻璃通风及隔热幕墙，减少能源消耗，达至“天复蓝”。最后一点“民连系”，除中轴线上的绿化广场之外，立法会大楼的入口和“新政总”的入口都设有露天广场，让市民作集会之用 *pic.4、5*，这一点亦是为改善旧政府总部和旧立法会大楼欠缺示威空间的问题 *pic.6*。

若论设计概念，这个规划可说能同时平衡未来政府的发展、市民对公共空间的需求和环保等要求，但是若加入政治和风水等元素，这设计便引来批评。有人批评“新政总”的高座及低座体量关系相差太远，感觉好像位于底座的特首办公室被政府其他部门压下来，特区之首理应在政府总部的最高层才能凸显其领袖分量。

再者，“新政总”不是一个标准的“门”形格局，其中东边的部分（黑色幕墙）稍微往外移，而且从外立面上看，“新政总”看似是白色“T”形物体依附在黑色的柱子之上，形成一种“不稳”的感觉。“新政总”的正门位于整座大厦的东边，而非整座大厦的中央，所以现在的主入口看似侧门多于正门。经过多次集会之后，“新政总”门外

pic.6 旧政府总部东座为昔日市民集会之地。

的广场已被市民称为“人民广场”，但这个广场亦被批评太小，根本不能够作为集会的终点站，难以达至“门常开、民连系”的效果。

“旧政总”的去留

香港的政治争论随着政府总部的迁移，由中环移师至金钟，但土地发展模式则由“新政总”迁回“旧政总”。旧政府山的地皮同样属于中环金融区的核心地段，如果这地皮用作多层办公楼发展，应该可以让一边的租户面向动植物公园，另一边面向维多利亚港。因此这地皮的价值同样高昂，各大发展商亦希望能推动政府把此地皮作商业发展用途。

经过多年咨询，发展局希望保留属于一级历史建筑物的政府山东座和中座，作社区或“文物专区”用途，而把属于二级历史建筑物的政府山西座拆卸，用作三十二层办公楼发展，以纾缓中环甲级商厦的供应压力。政府也以维持政府山业权的完整性为由，不打算出售西座业权，只会以“建造、营运及移交”方式来发展，年限为三十

pic.7 旧政府总部的西座。

年，并开始邀请私人财团投标。

政府原以为这个发展计划不单可以同时平衡保育与发展的需要，亦确保了政府在土地业权上的完整性，但二〇一二年多个团体发出反对声音，当中包括国际古迹遗址理事会、国际建筑师联会、国际现代运动建筑遗址协会和政府山关注组等，原因是政府山是三位一体的建筑群，不能把政府山的各幢建筑作单独评级，如东、中座均属一级历史建筑物的话，整个建筑群应合并评为一级。

二〇一二年十二月古物咨询委员会最终决定把西座 ***pic.7*** 改评为一级历史建筑，与其余两座政府山建筑物同等评级，而政府亦决定放弃拆卸西座，并建议把西座翻新，给予律政署使用，同时租给非牟利政府组织。

2.2 多功能建筑

赤柱市政大厦

建筑设计其中一项最大的挑战，是要在同一座建筑物之内分划多个不同功能区域，无论在人流和硬件配套上都可能出现复杂问题，而且各功能区很可能会互相冲突，香港的市政大厦便是个典型实例。香港传统的市政大厦就好像中国传统的全盒一样，集多功能于一身，无论是“动”与“静”还是“干”与“湿”的建筑元素，都会同时出现在同一座大厦之内。

政府为市民提供的服务种类繁多，但市区内的政府用地有限，优质的地皮多数以私人物业方式来发展，所以市政大厦便需要在同一座大厦内包含多种功能，务求在既定的人口比例之内提供足够服务。因此在同一幢建筑物内便同时置入菜市场、熟食中心、图书馆、自修室、球场、社区会堂、休闲空间、公共洗手间等设施，有些甚至设置政府部门如食环署、民政署或康文署。

这几个空间在功能上及运作上互相矛盾，不论是“动”与“静”还是“干”与“湿”的建筑元素，都在同一座大厦之内同时出现，因此在建筑设计上必须考虑分流的问题。

pic.1 传统的市政大楼如花园街市政大厦，图左为街市入口，右为市政大厦入口。

pic.2 将军澳政府综合大楼，❶政府办公室，❷体育馆，❸健身室，❹社区会堂。

以不同入口划分人流

传统的如花园街市政大厦，只依靠不同的入口来分开两种不同的人流 *pic.1*，于花园街和通菜街的为街市、熟食中心和垃圾收集站的入口，首数层空间都依靠扶手电梯来连接；而政府办公室、图书馆、自修室和球场的入口则设在快富街，这些层数则只以电梯来连通。因此在同一个大堂则会同时出现到球场运动的市民和在此大厦上班的政府人员，“动”与“静”还未能完全分开。

至于新一代的政府综合大楼已开始进一步改善人流重叠的问题，以将军澳政府综合大楼为例，这座大厦同样具多种功能，但是在规划上已尽量变得简化。首先把街市归纳入商场范围之内，而熟食中心则由商场内的食肆代替，令大楼主体内主要为体育馆、政府办公室和社区会堂 *pic.2*，减少功能上的种类。由于此大厦分为三个主要功能区，主入口亦只有三个，首先东入口便是政府办公室的电梯大堂，南入口则为社区会堂。体育馆则由楼梯直接通往南侧二层

pic.3 将军澳政府综合大楼❶为社区会堂入口，❷为体育馆入口。

pic.3，这样便避免了不同人流的重叠，减少混乱。低层部分全属公众空间，而高层部分便全是政府各部门的办公室。低层用扶手电梯来连通，高层则用电梯，高层和低层的人流亦不会重叠，非常清晰。

以区域划分功能

至于赤柱市政大厦 *pic.4*，这建筑物虽然只有三个主要功能，包括图书馆、体育馆和社区会堂，但是由于此建筑物占地面积和层数不多，不能如其他市政大厦一样以多层方式来分隔各功能。因此这大厦利用中央庭园，分隔图书馆和球场两个最主要不同的功能区，把“动”与“静”分开了。在中央庭园旁设有两条楼梯让公众能步行至天台的花园，清晰地划分了室内与室外两个大功能区，同时不影响楼下图书馆的运作。

至于社区会堂，由于这个空间占地面积比较多，而且需要较高的隔声要求，所以建筑师便把这功能区设在地下。为了减轻密

pic.4 赤柱市政大厦入口

pic.5 赤柱市政大厦中央庭园中心为社区会堂的顶部天窗，旁边两条楼梯通往天台花园，分开室内及室外两大功能区。

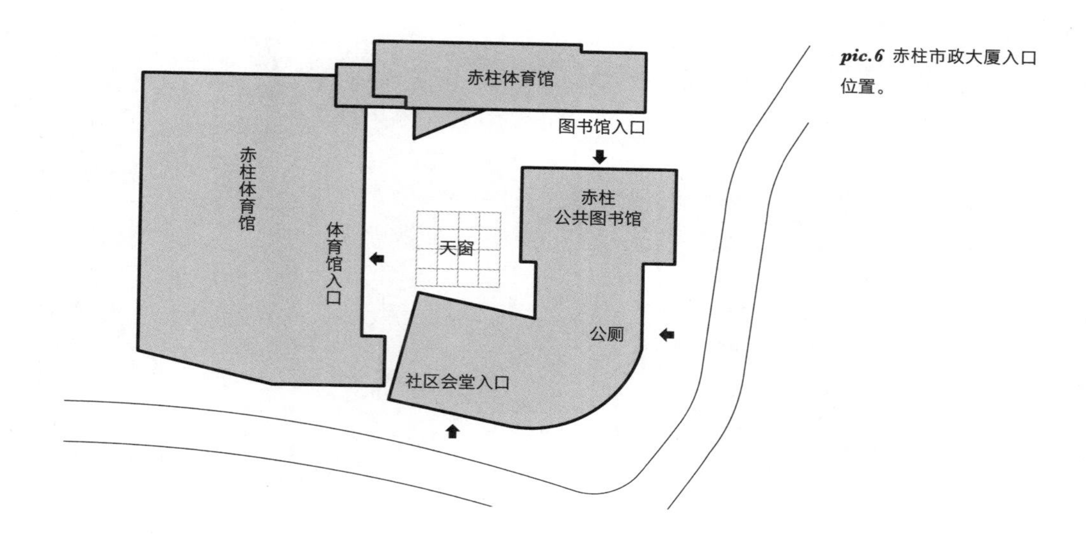

pic.6 赤柱市政大厦入口位置。

室的感觉和对电灯的需求，社区会堂的顶部设有玻璃天窗 *pic.5*，天窗的位置便是中央庭园的中心，三大功能区由此分开。

另一个较难处理的功能区就是公厕。无论在东方还是西方社会，公厕问题往往令人头痛，除非洗手间经常有人清洗，否则必定会传出气味。赤柱市政大厦同样需要面对这个问题，但是建筑师巧妙地利用依山而建的地势来设置这个公厕，因而避免了大厦的主入口与公厕相邻。

由于这个市政大厦分为三部分，因此入口也有三个。图书馆的入口在主楼梯的左邻，球场的入口在广场中央之内，社区会堂的入口则设在赤柱市场道的低位，这建筑物在外形上没有凸显各入口的位置。不同的人流路线却没有明显的指示，虽然“消失了的主入口”在建筑设计上较为少见，不过这座市政大厦的规模小，因此就算没有清晰的主入口和门牌都不成问题 *pic.6*。

pic.7 手艺不佳的清水混凝土会令外墙出现不平均颜色。

清水混凝土工艺

赤柱市政大厦的另一特点是使用了清水混凝土作为建筑物的主要材料，灰色作为建筑物外墙的主色调，清水混凝土其实与一般的混凝土没有太大分别，在结构承重能力上基本一样。但清水混凝土的表面则比一般混凝土平滑很多，所以清水混凝土可以用作完成面。这样的处理其实是仿效了日本建筑大师安藤忠雄的建筑风格。安藤忠雄的建筑风格是希望建筑物能反映出建筑材料真实的颜色，因此混凝土的灰色便是建筑物的灰色。

由于建筑物的外墙没有经过粉饰，结构墙的完成面便等于建筑物的外观，所以选用清水混凝土的先决条件是当地必须有卓越的工艺，否则使用清水混凝土往往是自寻死路的一个方案 *pic.7*。清水混凝土的外墙一般只会涂上一些半透明漆油务求令外墙感觉更平滑，万一施工队的工艺未如理想便很难修补，因为新旧的混凝土颜色通常都会不同，所以一切的修补工作都很可能会令情况变得更坏。

若要制作又平又滑的外墙，关键在于混凝土的模板，如果混凝土的模板不够平滑，便直接影响混凝土的平滑程度。另一个关键是混凝土的震动，在一般的情况下，当混凝土倒入模板后，工人会放入震笔令混凝土内的小石可均衡填在模板之内。若在清水混凝

pic.8

土的情况下，这工序就变得更为重要，若混凝土内的小石不平均的话，混凝土的表面便不能有平滑的效果，甚至可能会出现蜂窝式的情况。

由于建筑物的外观完全取决于施工队处理混凝土的工艺，所以风险颇大，因此一直不受本地建筑师欢迎。在赤柱市政大厦的例子中，清水混凝土的效果还不错 pic.8，但是若相比日本施工的清水混凝土墙，确实还有一段距离。

2.3
不合比例的建筑

香港文化中心

香港文化博物馆

中央图书馆

香港拥有美丽的海港，但在这海港旁有一座完全看不到海的建筑物——香港文化中心。文化中心分七部分，当中包括演奏厅、大剧场、小剧场、艺术馆、婚姻注册处等。

大剧场舞台上空需要一个相当高的空间来收藏布景板，这个空间称为舞台塔（Fly Tower），一般舞台塔的高度是舞台净高的二点五倍。假若文化中心的舞台高八米，舞台塔的高度则为二十米，所以很多剧院都有一个高突的外形。
香港文化中心在维港之内有如两道巨墙。

pic.1 香港文化中心在维港之内有如两道巨墙。

被隐藏的海景

文化中心 *pic.1* 的建筑设计师不希望舞台塔突出在建筑物外部，于是采用了斜顶的设计，让舞台塔与观众席的低位连成一线，建筑物的外观看起来像一个弯月，但是这样的设计令剧院内的顶部出现了很多不能使用的低净高空间。

建筑师亦希望用一个大前厅来连接不同的剧院，将建筑物规划成三角放射形，中央是大前厅，三个不同的剧院位于三个角落，形成一个奇怪的现象，剧院的后台设在建筑物的正面，而大堂和剧院的前厅则在内部，情况与正常的剧院规划相反 *pic.2*。

由于文化中心的后勤走廊设在建筑物的外围，所以正立面便全为实墙，而中央大厅便被厚厚的高墙包围。没有天窗的关系，室内全是黑暗空间。换句话说，这座剧院后勤的空间全都设在临海的位置，前厅、大堂和婚姻注册处则都是内向，完全没有海景。这座建筑物虽然位于海港之旁，但整座建筑物的主要空间都不能看到海景，确实是浪费 *pic.3*。

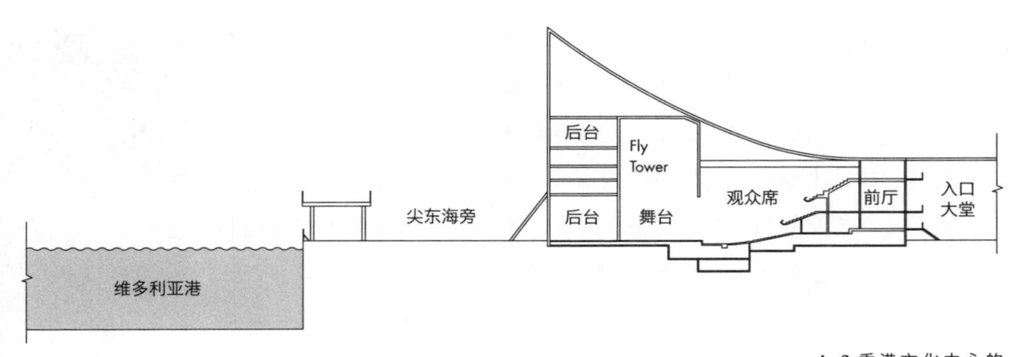

pic.2 香港文化中心的后勤走廊设在建筑物的外围，令建筑物外墙全是实墙。

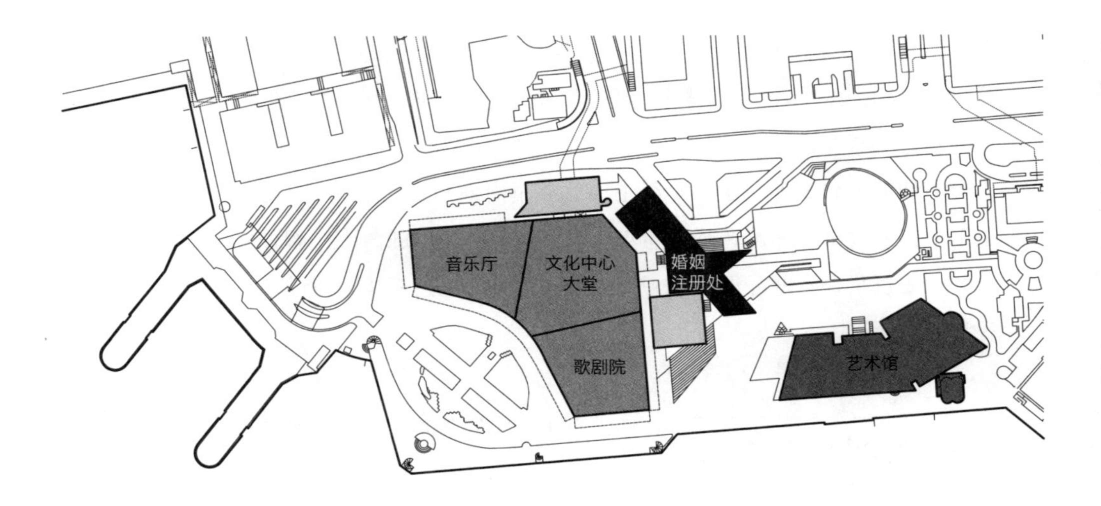

pic.3 香港文化中心的前厅、大堂和婚姻注册处都向内街，浪费了海景。

由于文化中心的体积大，而且密不透光，为了配合建筑物的弯月外形，屋顶出现了很高的尖端。这个又大又高的外墙成为阻挡海景的巨型屏风，有些人更批评此建筑物有如巨型的厕所一样。这种类型的建筑出现在密不透风的内街或许比建于海旁更为适合，更不需要牺牲原有的旧火车站，现在的方案不但影响四周环境的景观和通风程度，也拖低了四周建筑物的价值。

文化中心的四周有一些斜柱以加强低层空间的透视感，并加强建筑物与地的连接性 ***pic.4***。这个三角形空间虽然在视觉上有不错的效果，而且是拍摄人像热门的地方，但是这个空间同样长期没有阳光，又黑又暗，所以也是露宿者的热门地方。很多人都建议拆除这些斜柱以扩大公共空间，减少首层阻挡海景的障碍物。可像婚姻注册处那边一样，在室外设立一条大楼梯让新人可以和一众亲友合照，亦可让公众在这处稍作休息并欣赏维港的景色。

pic.4 文化中心外的斜柱为加强与地面的连接性。

文化中心原址为尖沙咀旧火车站，政府在一九八七年左右拆卸空置多年的旧火车站大楼，只余下钟楼。这个火车站承载了不少难民的希望，当时连接内地香港两地的旧火车站，在内地发生“文革”时成为桥梁，不少带有技术、经验和资金的人逃难来港，带着他们的技术和经验在香港东山再起，建造了当年的纺织业、玩具业、手表业和其他轻工业王国，直至工厂北移至内地为止。这个火车站记下了许多故事，亦可谓是香港八十年代轻工业盛世的源头，而香港的永安百货、先施百货和AIA保险公司等，都是当年从上海迁来香港。

特高的四合院建筑

香港没有多少中式建筑，而以现代的建筑科技来建造仿中式建筑的例子更是少之又少，多数是庙宇和相关的宗教建筑，不过，沙田的香港文化博物馆则是一个例外。香港文化博物馆提供场地作不同文化展览和学术讨论，分为左右两个展览厅，并由中央大堂分隔，大堂之后是后庭花园，而演讲厅则在花园的西边。在布局上，文化博物馆

pic.5 香港文化博物馆的外形仿似四合院，但长阔比例则不同。

pic.6 中庭楼高三层，以大楼梯为主导。

引用四合院的“一进院”格局，唯一不同的是在首层的中庭位置由大楼梯来主导，而博物馆的主入口亦不是在博物馆的正中央，反而是设在右边，与正宗四合院的格局不同 *pic.5*。

文化博物馆除了在布局上与四合院相似之外，在外形上也希望能引用四合院的精神。文化博物馆的东、西、北展厅都以尖顶处理，但是由于展览空间有净高的要求，每层高度约为六至七米，因此三层楼高的空间总高度约为二十米 *pic.6*，而横向的空间也约为二十米，因此整个博物馆的外观接近正方形，这便与四合院横向性的体态大有不同。为了满足展览空间密闭的要求，外墙须为密封实墙，这令博物馆与四合院的风格截然不同。

不过，最大的问题是博物馆的长阔比例与中式建筑特色大不相同，若以北京的天安门和故宫午门为例，建筑的高度、阔度都是与结构柱网成一比例，建筑物的高度或阔度都是结构柱网的倍数，而文化博物馆则与这个比例不同，所以外观的感觉好像与中式建筑特

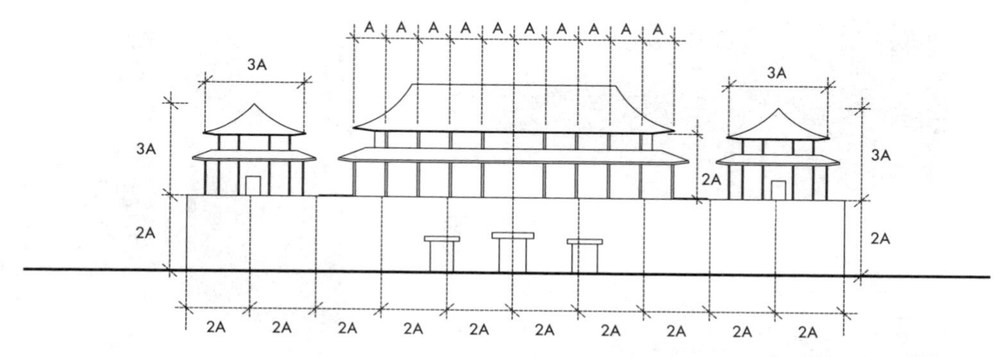

1A ≈ 20 英尺

北京紫禁城午门的高度和阔度由结构柱网延伸而来。

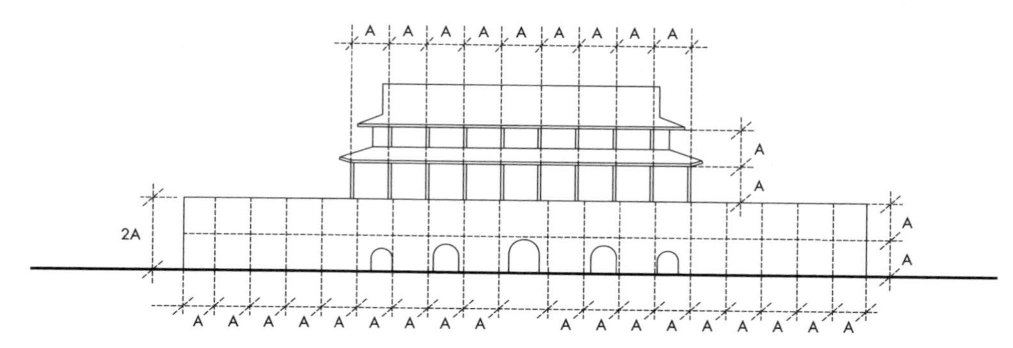

1A ≈ 20 英尺

北京天安门的长、阔、高与结构柱网直接成比例。

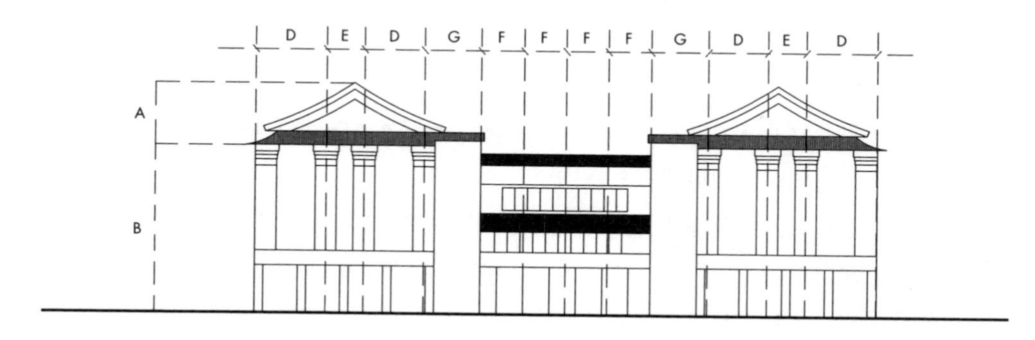

香港文化博物馆的长、阔、高与结构柱网没有直接关系。

色不一样 *pic.7*。

其实问题仍有解决方法，例如博物馆首层的空间主要为后勤或机房的空间，可以考虑把这些空间放置在地库，务求减少建筑高度，令建筑物的比例较为接近四合院横向性的体态。但是地库的建造成本不小，而且这地段临近河道，成本会进一步增加，所以最经济实惠的处理手法就是放弃四合院的外观，既然要满足空间与功能上的要求，为何硬要用中式建筑来设计外观呢？

头小身大的图书馆

若要讨论不合比例的建筑，就一定要讨论香港中央图书馆，曾被香港建筑师评为全港最丑陋的建筑。这大厦无论在比例、几何组合或风格上都出现严重的问题。这大厦的体形由不同形状的长方形和圆形空间组合而成，但不知为何却突然在中层收窄，多出来的平台空间只作一点绿化，读者根本不能进入花园休息。

图书馆采用了罗马式风格的外观，外墙选用黄色麻石作为主要建筑材料，这个选择本来没有太大问题，但外墙加装了不少罗马式窗户，这一点确实令人费解。这些窗户不单与高层建筑的比例不合，亦阻挡了街外景色，为了营造罗马式建筑的气氛，牺牲了外观与内观。

这大厦最令人莫名其妙的是顶层中央部分，这处设有一个小型巴台农神殿般的窗框装饰，但是这装饰不单与整体建筑比例格格不入，还给人头小身大的感觉。窗框也没有功能，因为这处跨度不大，用大横梁便可以解决承重问题，这些柱子亦阻碍阳光射进室内，阻挡室内望向维港的景色，既不实用，亦不美观。

这种仿罗马式的建筑很容易令人联想到黄金比例。欧式建筑都是以黄金比例为依据，但可惜的是香港中央图书馆的长、阔、高都与黄金比例无关，在建筑体量关系上有点奇怪 *pic.8*。中央图书馆的空间布局和人流动线没有大问题，只是这种体积的建筑物不太适合欧式建筑的外观。

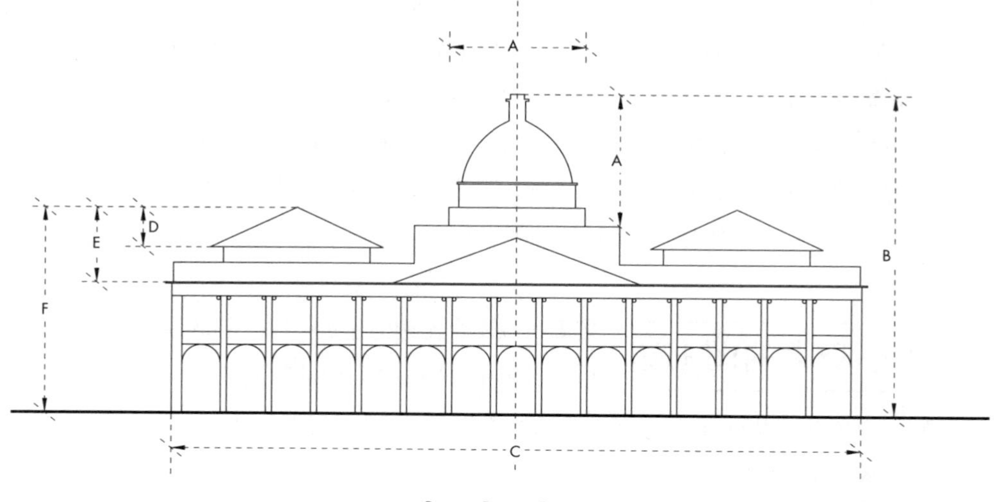

$$\frac{B}{C}=\frac{D}{E}=\frac{E}{F}\approx\frac{3}{4}$$

旧立法会大楼的黄金比例示意图。

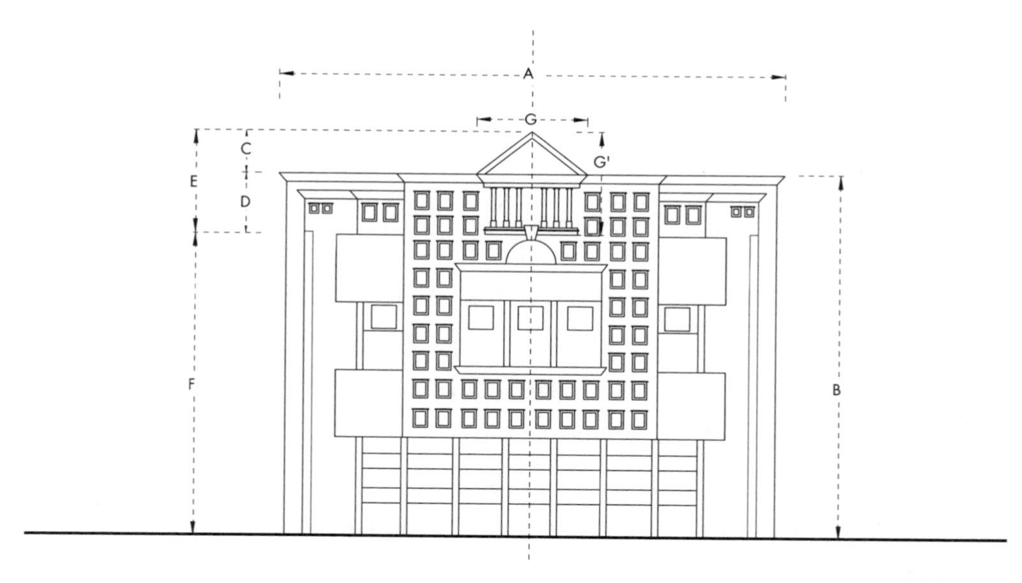

$$G\cong G'\quad\frac{B}{C}\neq\frac{D}{E}\neq\frac{E}{F}\neq\frac{3}{4}$$

中央图书馆的建筑比例与黄金比例无直接的关系。

pic.9 中央图书馆外观仿罗马建筑设计，但不合比例，显得笨重。

不过，这建筑物对建筑界最大的冲击不是来自它的外表，反是对同行提出意见的规范。中央图书馆于二〇〇三年落成后，部分建筑师接受传媒采访，指出这建筑物的美学问题。但是根据香港建筑师学会的专业守则，各会员不可以批评其他会员的作品，以免会员间为争生意而互相恶意批评。接受访问的建筑师因而受到同行质疑，认为他们违反了专业操守。幸好这建筑物是政府工程，亦是建筑署的设计，不带有商业成分，事情才得以平息。

香港文化博物馆和香港中央图书馆都因为希望引用特定的建筑风格来设计外观，令建筑物的体量关系（Massing）出现严重的不协调 *pic.9*。尽管室内布局都能满足功能上的要求，但是内与外的不协调，破坏了设计的完整性。

2.4 特色学校设计

香港大学

英皇书院

知专设计学院

香港大学专业进修学院九龙东分校

一个城市的教育影响当地文化，而学校的建筑设计亦无形中反映出当地的文化特色，香港作为中国第一个亦是唯一一个推行英式教育制度的城市。

随着时代的变迁，香港的教育制度亦逐渐本地化甚至公式化，学校的设计亦由昔日具殖民地色彩，变成公式化设计，一切都以低成本、快生产为原则，令到学校设计变得极度单一。

pic.1 香港大学本部大楼，是爱德华巴洛克式建筑。

pic.2 香港大学本部大楼内有两个小庭院，有助通风。

英式百年学府

香港大学是香港最具历史的大学，校内有名的建筑物是一九一〇年奠基的香港大学本部大楼。本部大楼分本堂和侧座，中央是本部大楼中最重要的空间陆佑堂。陆佑堂多为招待贵宾、学校大型活动和晚会之用，而左右两侧是课室和办公楼。

香港大学本部大楼是爱德华巴洛克式建筑 *pic.1*，外观设计如中环旧立法会大楼（二〇一五年改为终审法院大楼）一样，都是采用中轴式的设计，并附有圆拱形的建筑装饰。钟楼与陆佑堂的中轴线相连，两旁设有副塔，这些副塔可以说是英式建筑亚洲化的结果，欧洲的建筑多数以直线为主，这类巴洛克式设计是受到印度建筑风格影响。

大楼柱子的设计采用古希腊建筑中的爱奥尼亚柱式（Ionic Order）。爱奥尼亚柱的特色是柱头上的羊角装饰，不太花巧，是英式学府（European style）常见的装饰。本部大楼的柱子都采用花岗岩石作承重柱，由于可承重的花岗岩石供应量少，因此这里的柱子和旧立法会大楼的柱子一样都非常珍贵。本部大楼的地砖也有数十年以上的历史，而且都是人手绘制，上了颜色才烧，即使是磨

pic.3 内环式回廊连接不同房间

pic.4 英皇书院的红砖外墙与四周空间形成强烈对比。

蚀后颜色也不会变淡，因此这些地砖都是异常罕有的。

香港大学本部大楼体现了典型的英式建筑风格，建筑物以中央庭园来作采光和通风之用 *pic.2*，而中庭花园旁边的内环式回廊用来连接不同房间 *pic.3*。本部大楼的楼底特别高，室内的高层位置设置通风口，当窗户打开之后，热空气向上升时，室外的空气便可以自然流动至室内，形成循环。

另外，左、右两侧的庭园中都设有一个水池，这些水池的作用是增加空气中的水分，并降低空间内的温度。虽然现在的本部大楼在设备上已经现代化，每个房间都安装了空调，但自然通风系统仍能运作，这证明一个成功的设计在百年后仍然可行。

带有英皇色彩的学府

在香港大学附近还有一座具英式建筑味道的学校——英皇书院。英皇书院始建于一九二三年，但局部建筑在“二次”大战时被破坏，而这建筑物亦在日占时被日军用作马房，和平后才再次被用作校舍。建筑物的本身虽然没有太多特殊的设计，但其红砖校墙已经充满特色 *pic.4*，因为这类型的建筑设计可以算是 Arts and Craft Movement（工

pic.5 英皇书院内的庭园。

艺美术运动）的建筑。工艺美术运动是一八六〇至一九一〇年在英国流行的建筑风格，因为英国自工业革命开始后，部分建筑工程便开始大规模工业化生产，以低成本高效益的方针来兴建楼宇，因而令建筑物的设计单一化并且欠缺地方色彩。

因此，在一八六〇年英国的艺术家罗斯金（John Ruskin，1819–1900）和莫里斯（William Morris，1834–1896）提出了 Art & Crafts Movement，他们认为建筑物的设计需要独立，并且要反映出当地建筑材料的颜色和工匠的工艺。以前砖的制作方法是利用当地的黏土再加入煤炭煅烧而成，再加上不同的烧制工艺得到不同颜色。现代的砖会加入粉煤炭、砂、人工颜色，甚至建筑废料，使得砖的颜色有更多变化，因此现在已经有很多仿木纹或仿石纹的砖，不像以前砖的颜色能直接反映出当地泥土的颜色。

英皇书院就属于那个时代的建筑物，学校外墙上的红砖不是建筑物的装饰材料，而是承重砖墙的颜色 ***pic.5***。虽然现在无从考证这砖是否英国的红砖，但是这砖所显出的颜色与英国的红砖色相近。不过奇怪的是，英皇书院和西港城虽然是殖民地色彩的建筑，但英皇书院的砌砖方式不是英国常见的英式砌合法而是 Flemish Bond（荷兰式砌合法），并与西港城不同，但到底有何原因则不得而知。

pic.6 在都市内随处可发现外形一样，颜色相若的学校。

预制式的倒模学校

英国的艺术家提出了 Art & Crafts Movement，抗拒建筑设计单一化、机械化，但香港政府在八十年代却开始了一个逆向的 Art & Crafts Movement。由于当时人口急剧膨胀，市民对房屋需求大幅急增，而连带对学校的需求也大幅增加，所以便开始使用倒模技术来兴建房屋和学校，因此自八十年代开始便出现大量千篇一律的“倒模”学校 ***pic.6***。这些校舍不单高矮肥瘦一样，连设备、体制都一样，有一些更加连外墙颜色都相同，所以可以说是除了校名、校徽、校服不一样之外，其他都差不多一样。

这种倒模建筑到底有什么好处呢？这些学校都是由各预制件所组成的 ***pic.7***，就是预先在工厂生产然后运往工地组装，这样便可以大幅减少在工地的施工时间和施工人数，并且可以令部分工序同时进行，不用等待前一个程序完成后才进行下一步工作。

具体来说，学校的楼板和柱子会先在工地兴建，混凝土外墙、窗户和楼梯则预先在工厂制作，完成后送到施工现场便可以马上开始组装，而不会影响其他层数的施工进度。如果是传统施工方案的话，很多工序需要顺序进行，例如二层的楼梯亦需要等待第一层楼梯完成后才可以进行，但是如果利用预制件的话，便可以同步在工厂完成

pic.7 用预制件建造的学校可大幅缩短工地的建造时间，但却令街景单一化。

所有层数的楼梯，而在工地亦可以同步组装不同层数楼梯的预制件。

另外，如用传统工艺的话，外墙的窗户和粉饰工序需要等待外墙的混凝土凝固后才可以进行，工人需要在数十层楼高的外墙工作。如果利用预制件的话，外墙的粉饰工序便可以在工厂进行，只是组装的一刻才需要高空工作，确实减少了高危工序的时间。混凝土预制件都是在预设的温度和湿度中制成，并且使用钢模生产，所以混凝土的质量都比在现场施工的混凝土为高，而且可以减少现场扎板的木板，减少制造工业废料。由于成本效益、质量、工业安全和环保施工都比传统工艺优胜，所以预制件的技术在近二十年愈来愈流行。

量化生产的隐忧

预制件虽然有优点，但若要减少成本，便需要进行大量生产，因为制作钢模所费不菲，若不大量重复使用的话，便很不划算。而学校建筑属低层建筑物，不像公共屋村的体积庞大，可以在同一大楼内重复多次使用相同的预制件，于是在同一社区内便出现了多座样式一样、预制件一样的学校。再者，因为每所学校对空间的需求非常类同，所以部分人认为本地的学校全属标准式校舍，学校不需要作出特殊的设计，单一化以倒模式来兴建不单可以降低成本，甚至连设计时间都

pic.8 外墙和窗的预制件，运到工地后可直接挂在楼框上。

可以大幅减省 *pic.8*。

虽然学校对校舍空间要求类同，但是学校的经营方针各有不同，若以倒模的方式来设计学校，便难以针对该学校的切身需求，打造学生需要的空间。甚至中学和小学也以同一个倒模来建造学校，一个中学生与一个小学生对校舍空间的需求会是相同吗？又或者中学生与小学生对校舍的要求只在于小便池的高度？

政府现在所设计的校舍虽然是经过多番研究和试验才得出设计标准，但是一个再完美的标准也总会有所缺失，如果盲目地以单一化方式来大量生产，就只会让这些设计上的缺陷大规模地在社区内蔓延。更重要的是，每当政府推出任何方案时，必须要平衡各方利益，为免"顺得哥情失嫂意"，便唯有采用中庸的策略，使得一个设计标准在某程度上都能满足部分的需求，但是永不能提供针对性的方案。

具体来说，现在的标准校舍都设有篮球场、礼堂、美术室、音乐室、科学室，这样便满足了学生在文、理、工、劳、商科的发展，但是若其中一间学校特别注重学生在科学上的发展，校舍内又可否为了提供科学农地而宁愿牺牲部分球场和美术室的空间呢？在单一化的设计之内，学校可否自主设计自己要求的空间？标准校舍在数字上已为学校提供足够的设施，理论上是什么都不缺，但是就欠缺了灵活性和针对性。现在的学校大都只可以在既定的模式和空间

pic.9 知专上半部的横体建筑内有图书馆、健身中心等大型空间，四个竖体建筑为课室和演讲厅等。

内施行它们的教育理念，学校的硬件是学校发展的一个无形框架。

升起了的学校

香港虽有不少倒模式的校舍，但近年新建成的大专院校设计也有出人意表的作品。位于调景岭的香港知专设计学院的设计是通过比赛得来的，胜出的作品是来自法国的建筑师楼 Coldefy & Associates，设计概念来自一张漂浮在空中的白纸。整座学府分为四个竖立体和一个横向体，在这座主体建筑之后便是行政大楼。四个竖立体主要是不同的课室和演讲厅，而横向体便是较大型的空间如图书馆、健身中心和工作室等 *pic.9*。

学校设置了不少露天平台和天台花园，大部分首层空间成为学生的公共空间，让学生可以聚集在一起互相交流，校园亦不会成为都市内与世隔绝的孤岛，这亦是设计学校必须具备的精神。

尽量保留开放空间的设计概念本意不错，但某些地方的设计考虑不够周详，例如室外泳池。香港的学校大多只有秋季和春季课程，室外泳池在秋季至春季都是长期空置，即使是暑假期间也是无人问津，因为这时学校放假，绝少学生会回校游泳。再者，学校的室外泳池太接近民居及行人天桥，令使用者感到尴尬不便。这个学校泳池除

pic.10 知专著名的超长扶手电梯。

非是室内泳池，否则就根本难以吸引学生使用。

另外，整座学院的一大特色就在主入口的超长扶手电梯 *pic.10*，其中一条扶手电梯由首层直到第七层，共有一百二十级。但由于这条扶手电梯太长，相关的部件消耗比正常的扶手电梯高，所以曾在二〇一一年发生过扶手电梯翻塌意外，幸好当时只有三名学生在使用，其中两名同学在电梯出意外的一刻及时跳回七楼地面，而另一同学急步跑至一楼，才没有发生人命伤亡，但是如果是长者或多人使用的话，后果不堪设想。

著名的“奇怪”设计

这大厦最著名的奇怪设计莫过于整个建筑物的核心结构部件——白色“V”形巨柱。这些“V”形钢柱造价不菲，用作承托浮起的大跨度横向空间。知专最终造价达十二亿港元，远超立法会最初拨款的十点零六亿港元，但是这个天价却换来一个笑话。

这些“V”形巨柱的位置没有经过仔细规划，摆放的位置与不同层数的天桥相撞，不少天桥的中央位置便是“V”形巨柱的接点，

pic.11 “V”形巨柱阻碍走道，数条走廊因此需封闭停用。

又或者天桥的桥身会因“V”形柱穿过而变得相当狭窄，阻碍天桥通道，令轮椅人士和长者无法使用这些天桥。校方最后无奈用花盆封闭这些天桥，造成浪费 ***pic.11***。这种错误皆因建筑师没有从三维空间或立面上了解“V”形柱和天桥的关系，“V”形柱在平面图的高位虽然没有与天桥相撞，但是在平面图的低位便可能是“V”形柱的所在，就算在建筑图纸上不能反映出来，在结构图纸上亦应该会显示出来，因此这种错误其实是可以避免的。

这种错失应该在前期的方案设计时便要解决，但是到施工图的阶段还没有处理并如期施工，确实令人费解。“V”形柱虽然是结构上的灵魂，但是天桥的位置是可以灵活调动的，而且左右两侧都是课室通道，因此稍往左或右移动一点根本不会影响人流动线。这样的错误只可以说是设计团队根本就单纯地忠于原来的设计方案，而白白浪费了金钱兴建了数条永久封闭的天桥。

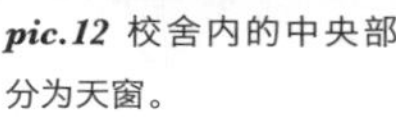

pic.12 校舍内的中央部分为天窗。

pic.13 天窗之下为中庭及扶手电梯。

垂直的学校

香港地少人多，垂直空间的发展已成为香港的典型发展模式，连带学校都有类同的设计精神，在九龙湾的香港大学专业进修学院便是其中一个例子。这所学校是由香港著名建筑师刘秀成设计。刘秀成先生曾在香港大学建筑系任教数十年，现在香港的本地建筑师很多都是他的门生，而他亦曾是香港建筑、测量界的立法会议员，并曾设计香港多所国际学校。

刘教授虽然是学校设计能手，但是这种垂直学校的设计可以说是比较崭新的尝试，因为在一个只有数十米长的地盘内兴建五十间教室、演讲厅和康乐设施并存的校舍其实一点也不容易。在这样的要求之下，校舍必须以多层空间的模式来发展，而一般的建筑师都会利用典型的写字楼作为设计基础，把楼梯和电梯放在核心筒大厦的中心，然后在核心筒的四周设置不同的教室和教学办公室，这亦是香港大学专业进修学院其他分校的布局。这样学生和教职员只会乘电梯至上课层数而不会经过其他楼层，校园与城市没有任何直接接触。

不过，刘教授今次引用了一个反传统的模式，在学校的核心部

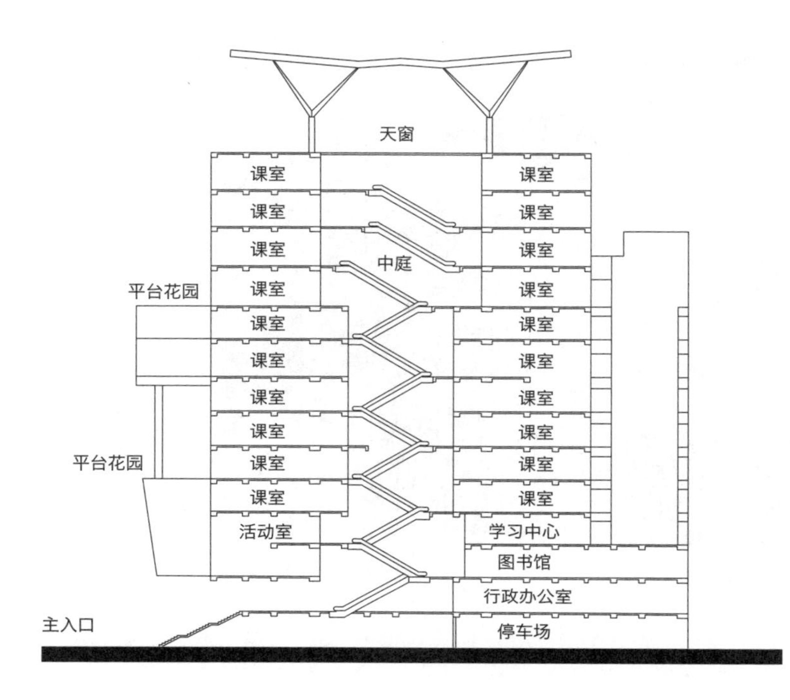

pic.14 香港大学专业进修学院的中央位置为天井，将光线引至核心部分的扶手电梯。

分设置天井，让阳光从天窗 ***pic.12*** 直接射至低层，而天井亦用作垂直流动的空间，设置了不少扶手电梯 ***pic.13***，让学生不只是单纯地到达上课的层数，之后便不再使用学校的其他设施 ***pic.14***。

香港大学专业进修学院虽然只是社区学院，日间课程不多，学生亦以在职进修为主，但刘教授仍希望学生能享受校园生活，因此在设计时刻意在每层的走道旁边设置一些停留空间或座椅，让学生可以停下来休息一下，或作短暂的讨论和温习之用。

这些空间不是密封的，而是半露天的，这不单可以让自然光和风到达休息空间，也可以配合室内的天井和露天花园起到空气自然对流的作用，减少室内对空调的需求。再者，为鼓励同学们使用楼梯，其中一条消防楼梯特意置于室外，让这条楼梯变成一条有阳光和通风的行人楼梯 ***pic.15***。

这所学校的面积不大，但可停留和交流的空间比典型的多层学校为多，促进师生和同学之间的交流，并且中央的天井位置可以让不同学科的同学聚集，了解其他学科和学校现在进行的活动，令学生的人际网络可以得到扩展。

pic.15 走火梯外置，通风及有阳光，可鼓励同学使用楼梯。

乙明邨

CHAPTER 2

2.5
现代卫星城市典范

沙田新市镇

香港是世界少数在市郊利用了高密度发展模式来兴建大型公共屋村的现代城市，这些建于市郊的卫星城市促进大规模人口迁移，降低市中心因人口密度不断增加的压力。

市区与郊区卫星城市间建立高速公路和铁路，加强两区之间的联系。卫星城市的发展成为香港城市规划的重要一环。

现代都市之始

法国建筑大师勒·柯布西耶（Le Corbusier，1887－1965）在一九二二年提出了第一代现代都市的概念（Contemporary City）：

①这个城市可容纳三百万人口。

②这个市区将由汽车道路来连接各部分。

③城市中所有的建筑都采用工业化生产，房屋采用相同的模式来兴建（Reputation Module），务求大量减少设计及施工的时间和建造成本。

④采用高层数高密度建筑，放弃低密度的欧陆小屋模式，务求减少楼与楼之间的距离。

⑤大幅降低市中心的人口密度。

⑥楼与楼之间大幅增加绿化和公共空间的用地。

⑦自我提供足够的就业和康乐设施的独立城市。

在今天听起来，这是一件理所当然的事情。但在一九二二年的巴黎，人口大约只有六百万，全城汽车大约只有一千部，所以要设计一个可以容纳半个巴黎的人口，并以汽车为主要交通工具的城市简直是天方夜谭 ***pic.1***。

当时的法国人认为勒·柯布西耶是一个疯子，根本不知道自己在说什么。他提出的建议全数被否决，而他本人也被批评得体无完肤。但就在二十多年后，二次大战结束后出现“战后婴儿潮”，全球人口急增，当时世界各国急需提供足够房屋来解决居住问题。而美国福特汽车公司令汽车的制作成本大幅降至一般人都可以负担的水平，汽车数量因此急增。由于人口不断增多，城市如果以欧陆小屋的模式发展，需要不断向外扩展，人们需要更多的时间由居住地到达目的地，而且因为汽车数目大幅增加，现有的道路变得不胜负荷。

所以，欧洲的很多城市开始借用勒·柯布西耶在一九二二年提出的现代都市设计来进行规划，特别是利用高密度多层建筑来减少房屋的占地面积，这样便可以兴建更多的绿化空间和运动场。他的建议亦令世界出现了卫星城市，让人们可以在一个独立的小区之内

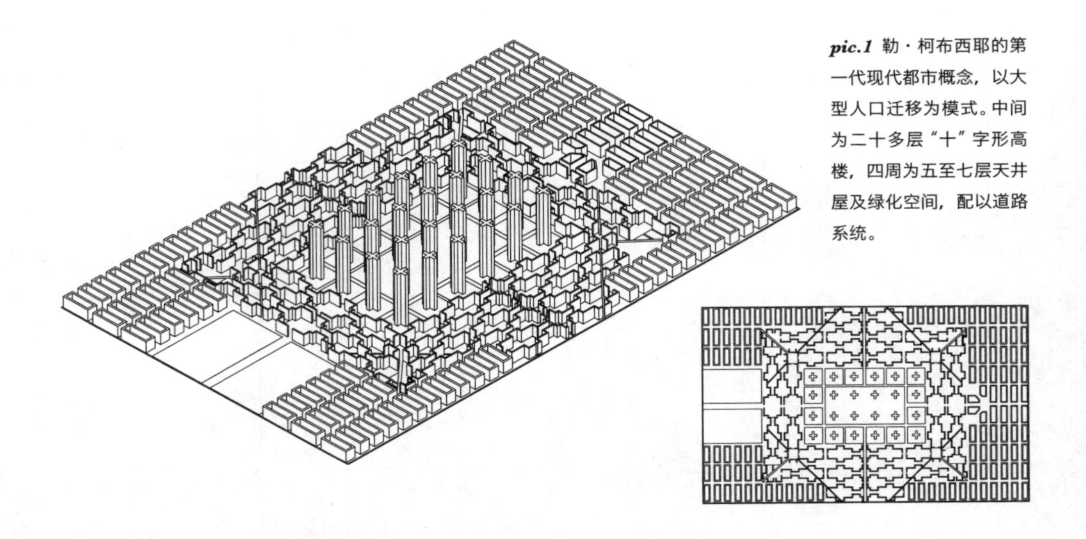

pic.1 勒・柯布西耶的第一代现代都市概念，以大型人口迁移为模式。中间为二十多层“十”字形高楼，四周为五至七层天井屋及绿化空间，配以道路系统。

工作、学习和生活，不用再每天往返市中心。

勒・柯布西耶的现代都市设计概念虽然在欧洲大陆未能大受欢迎，但却成功地在亚洲地区发展，香港就是一个很好的例子。

卫星城市

一九五三年，香港的石硖尾木屋区发生了一场大火，令近五万灾民一夜间无家可归。这场火灾促使香港第一次利用了勒・柯布西耶的都市设计模式来兴建香港第一代公共房屋石硖尾村。随着香港人口不断急升，到了七十年代，香港人口已突破四百万，但仍有百分之二十的人口生活在临时房屋、天台屋或木屋之中，香港政府于是在一九七二年推出了一项影响深远的房屋政策——“十年建屋计划”。

当年的香港政府计划在离香港市中心约三十公里的沙田设立第一个可容纳五十万人居住的新市镇，但是由于当时的交通配套尚未发展成熟，公共交通系统根本不足以应付每日十万人以上的客运量，因此港府便决定把沙田设定为“卫星城市”*pic.2*。“卫星城市”的定义是接近完全独立区域，该区除了有住宅房屋之外，还设有娱乐、教育、医疗等设施，提供大量就业机会，大部分居民的日常生活都可以留在

沙田区，不需要每天往返市中心上班、上学。如此一来，不单可以减轻道路网络的压力，亦大幅改善了居民的生活。

为了提供足够就业机会，港府以低廉的价钱吸引私人开发商到该区投资，陆续在该区兴建大型商场、商厦、酒店及私人屋苑等，并和香港赛马会合作在该区兴建马场，为该区带来大量商机 *pic.3*。至于房屋方面，港府则完全采用勒·柯布西耶所建议的低成本、工业化生产的房屋，公共房屋多以高密度的模式来发展，每层大约有二十至二十五个单位，分为一房和两房的户型，面积大约四十至五十平方米，整个屋村内的所有户型都大致相同，可谓是“倒模城市”。政府也将屋村首二至三层的空间定为商场或停车场，用平台连接不同大楼，这样的设计不单为居民提供公共空间，也进一步减少因居民数目增加对地面交通造成的压力。

随着人口不断增加，港府亦开发了沙田区附近的区域，作为二线卫星城市，如大埔、大围、马鞍山及上水等，这些城市一样以高密度、工业化的房屋理念来规划，并以沙田作为核心。各个二线城市

pic.2 沙田成为香港第一个可容纳五十万人居住的新市镇。

pic.3 沙田区内的商场及酒店提供了大量就业机会。

则提供不同的工作机会，使城市之间在功能上互补不足。同样的都市发展理念在新加坡、日本、韩国也被广泛应用，时至今日勒·柯布西耶的都市设计概念仍是二十一世纪社会发展的主流模式。

CHAPTER 3

建筑
+
历史宗教
HERITAGE
&
RELIGION

maritime museum

CHAPTER 3

3.1
旧建筑活化术

西港城

旧中环街市

美利楼

中环天星码头和皇后码头的拆迁引发了香港市民对保留本土旧建筑的关注。许多市民对拆迁感到十分可惜，但既成定局，这两个码头终于二〇〇六年及二〇〇七年被拆卸。

到底哪一些建筑物值得保育？而古迹又如何评定？

历史建筑物的等级之分

香港的文物建筑由古物咨询委员会评定，根据其价值的高低分为法定古迹及一级至三级历史建筑。法定古迹作为文物建筑的最高评级，受《古物及古迹条例》所保护，是具有非常重要历史和考古价值的建筑物，必须完整保留。而一级至三级历史建筑虽不在条例保护之内，但政府亦因应其价值，予以适当保存。其中，一级价值较高，三级较低。然而，评估的研究工作并没有清晰的标准，建筑物得到的评级很多时候取决于古物咨询委员会委员们的意向。

文物建筑级别的高低亦反映业主可以修改该建筑物的程度，评级愈高，可修改的空间当然愈少。任何对已评级建筑的修改或拆卸都必须向屋宇署申请，即使是小型工程如钻墙加一条喉管，都要经过多番审批才可动工。所以，当政府执意拆迁被评为一级历史建筑的天星码头和皇后码头时，很多市民都觉得难以理解和接受。虽然政府解释拆迁是为了配合中区的填海工程及香港未来的发展，但亦会触发市民思考，社会应如何在发展和保育之间取得平衡。

以工程师的角度来看，维修一幢旧建筑并不是太困难的事，只要地基没有存在太大的问题，即使结构上出现问题，例如钢筋锈化，亦只需加建额外结构便能解决。但是，保育及活化历史建筑并不只是维修和保留旧建筑，更重要的是让建筑物能持续地发展，担当文化传承的重要角色。所以，这的确是非常不简单的一个课题。

建筑的设计往往以其本身的功能为基础，但随着岁月的变迁，旧有的设计很多已不能满足使用者的需要，使用者迁往新的地方后，旧建筑亦随之空置。于是，活化建筑物时其原有用途多数会被改变，也因此衍生出另一个难题：如何在旧有设计上加以变化，为旧空间注入新灵魂？

坐落上环的红砖街市：西港城

西港城前身为旧上环街市北座大楼，建于一九〇六年，是现时全港最古老的街市建筑物。自毗邻的上环

pic.1 西港城为爱德华巴洛克式建筑，拱形窗、白横间、砖墙都是此风格特色，其红砖外墙的砌建方式在现今的香港已很难找到。

市政大厦落成后，上环街市北座大楼于一九八九年停用空置。虽然该地段邻近上环港铁站，但由于离中环核心商业区有一段距离，故该地段的商业价值不算特别高。大楼在一九九〇年获古物古迹办事处列为法定古迹，并交由前土地发展公司（今市区重建局）于一九九一年展开修葺工程，改名为“西港城”*pic.1*。

隐藏在西港城内的珍宝

从外观上来看，西港城属于一九〇一至一九一八年期间英国流行的爱德华巴洛克式（Edwardian Baroque）建筑风格。大楼采用了对称中轴式设计，以花岗岩为地基，结构方面则以红砖为主。受制于石材跨度的限制，正门、后门都采用了大型圆拱门以提供合适的阔度。为减少建筑内的柱子，一楼和二楼采用了铸铁大柱作为主结构，而屋顶的钢梁架更加提供了高楼底、大跨度的营业空间 *pic.2*。另外，为了适应香港亚热带的气候及配合当年建筑物料的供应，大楼的斜屋顶以中国式卷状瓦片铺设，亦反映出香港早期西式建筑物中所渗入的东方色彩。而建筑物的外墙则继承了英国 Art & Crafts Movement 的传统，坚持从建筑外形上突出材料的质感和颜色，利用石块色彩及纹理制造多色效果，而阁楼外墙附有带状砖饰。

pic.2 屋顶以钢梁架作支撑，以提供大空间，四楼为后来加建。

在大多数人的印象里，西港城之所以被保留下来，主要是因为它是富于殖民地色彩的老建筑，但最珍贵的地方其实在于外墙上的红砖和花岗岩石。由于环境污染的问题，近年已很难找到合适的花岗岩作为结构部件，用花岗岩作为结构基础的建筑已近乎绝响。而外墙上的红砖以英式砌合法方式来堆砌，即是把砖块一层横砌，一层直砌，然后重叠上去[pic.3]。现时香港一般只会用砖墙来作间隔墙，已极少使用红砖来做结构墙，所以有能力建造红砖结构墙的师傅已绝无仅有。行内甚至流传一种说法：在香港已没有人能建造超过六米高的砖墙，精确的砌砖技术在香港已经失传。连基本的砌砖技术都出现了承传的问题，更何况是英式砌合法的砌砖方式呢？因此，西港城正是前人为我们留下的，那个年代建筑技术的最佳示范。

荷兰式砌合法

英式砌合法

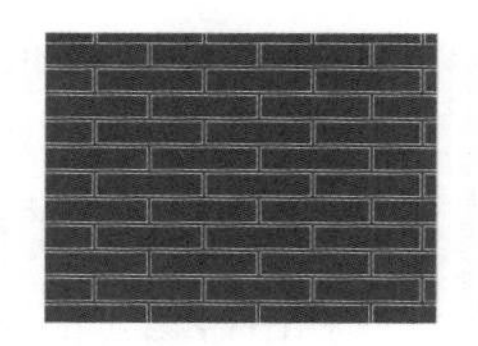

顺砖砌合法

pic.3

改造工程与“器官移植式”的活化

西港城在硬件上的改造其实很简单，大楼原本只有两层，每层面积约一千一百二十平方米，前土地发展公司利用其高楼底的特点，以独立装嵌方式在楼层之间加建一层，

pic.4 二楼为后期加建的空间，租给由花布街迁来的布行。

成为共四层的建筑。一楼天花板中央留空，与二楼连接，保留中间高挑的设计，不但可以增加内部可运用的空间，亦避免影响大楼原有设计及结构。这座旧街市于是被改建为一幢复合式的购物大楼。

西港城的改建工程于一九九一年完成，被定位为传统行业及手工艺中心，一方面将二楼的铺位租予受重建影响的上环永安街（即花布街）布贩 ***pic.4***，另一方面亦招揽老字号商铺和特色手工艺店进驻西港城。但是，活化的效果却不尽如人意。

花布街的商品以价廉物美及多样化来吸引顾客，借社区的高人流来支持薄利多销的经营模式。但西港城的外观比较封闭，室内空间亦有限，相比起位于室外、人来人往的花布街，自然显得先天不足。而花布街的商户由拆迁到重置中间相隔了数年，旧有的客户网络受到损害，亦令西港城内布店的人流大不如前 ***pic.5***。布贩虽然不满意，但也感慨在时代的巨轮下，已没有可能在香港重建昔日的花布街。

另外，当西港城招租时，管理层曾一度希望以传统工艺做主题来吸引人流。可惜，上环既不是游客区，也不是本地人的购物区，所以这些小商户多数营运得颇为艰难。唯一突围而出的，就是位于三楼的“大舞台饭店”。酒楼以怀旧舞台作招徕，并善用了建筑物高楼底的特性作为婚宴场地的卖点，加上香港极少有餐厅以英式建筑物为背景，因而成为港人婚宴的热门之选。用途上的改变，不但凸显了建筑物的特色，也融入人们的生活之中，某程度来说，大舞台饭店总算是活化了部分的西港城。

为了进一步提升人流，西港城曾打算让花布街的商户迁出，并重新包装西港城，但是这引来花布街商户的强烈反对，因为这是当初他们接受拆迁花布街的条款。因此，西港城的管理层唯有接受现实，只能在首层引入一些新类型的餐厅和商户才能够提升人流和租金收入。

在西港城的例子中，管理层原本希望花布街布行的迁入能够为西港城注入新的灵魂，并借用布行旧有的客户网络为西港城带来稳定的人流，进而提升一楼小商店和三楼餐厅的客流量。可惜的是西港城固有的建筑形态难以营造露天街道车水马龙、成行成市的市井气息，花布街的布行亦因此不能成为带动西港城人流的火车头。明显地，这个“器官移植手术”结果不甚成功。

pic.5 搬迁后布行人流大不如前。

黄金地段内的街市

相比起西港城，位于德辅道中的中环街市，保育之路可谓更艰难。中环街市的前身是广州市场，为居于中环一带的华人而设，经历多次拆卸及重建后，于一九三九年建成现时第四代的建筑，并在一九九〇年被古物咨询委员会列为三级历史建筑。中环街市优越的地理位置成为它保育路上的第一个难关。作为半山扶手电梯的起点，中环街市亦有天桥通往恒生银行总行大厦，连接中环海旁，而中环港铁站和机铁香港站亦在十分钟路程内，实属区内枢纽位置。中环作为香港商业区的核心地带，办公室面积长期供不应求，若中环街市地皮改作商业用途，回报率相信十分可观。政府早年将地皮纳入勾地表内，当时市场估值逾八十亿港元，堪称“中环地王”。可幸的是，中环街市在二〇〇九年的《施政报告》中被剔出勾地表，政府并委托市区重建局把建筑物活化为“城市绿洲”。

pic.6 中环街市属包豪斯式建筑，但日久失修令其貌变得毫不显眼。

八十亿换来的丑陋建筑物

有环保团体认为，中环街市是商厦林立的中、上环唯一通风口，如果地皮也兴建摩天大厦的话，将与邻近的中环中心和恒生大厦形成屏风效应，进一步影响中环内街的通风情况，因此希望中环街市能够原汁原味地保留下来。于是，另一个问题来了，中环街市的建筑外形一点也不漂亮！相比西港城那种带有欧洲古典风格的建筑，中环街市平平无奇的外形确实难以令人留下深刻印象。那为何这座大楼能被评为三级历史建筑，令政府毅然放弃八十亿港元的库房收入，来保育这座在都市中毫不起眼的建筑物？

其实，中环街市与湾仔街市同属香港少数以包豪斯式（Bauhaus）风格建造的建筑物 *pic.6*，强调简洁的外形线条及合理实用的布局。包豪斯建筑风格大约流行于一九二〇至一九四〇年代的德国。当时，经历了第一次世界大战的德国面临重建和工业发展，但战后国内物资匮乏，难以沿用欧洲常见的古罗马式、维多利亚式和爱德华式等旧有建筑模式来建造美轮美奂的房屋，强调简单直接的包豪斯风格于是引起人们的注意。

包豪斯建筑方式放弃了欧洲文艺复兴时代华丽的建筑风格，不再着重雕刻部分，亦舍去沿用多年的黄金比例，主张建筑物应该以功能为先，外形应根据实际用途来作调节。正因为包豪斯建筑以实用至上，不刻意跟从传统美学来设计建筑物，这种实而不华的建筑方式在第一次世界大战之后，很快便流行了起来。虽然这些建筑物的外形平凡，有些甚至可以说是丑陋，但低成本高效益的建筑方式，的确在短时间之内解决人们对建筑物的需求。而混凝土技术的发展，亦令包豪斯建筑方式的灵活度变得更大，建造方式更能配合功能上的需要。

顺带一提，发起包豪斯建筑风格的其中一名学者是德国的格罗皮乌斯（Walter Gropius），他随后于一九三七年移居美国并在哈佛大学任教建筑，而他的其中一名学生正是著名的华人建筑师贝聿铭。格罗皮乌斯所倡议的实用主义（Form Follow Function）虽然未必成为建筑界的主流，但的确影响了建筑界数十载，直至解构主义的兴起才出现改变。

漂浮绿洲

负责活化中环街市的市区重建局在二〇一一年进行了翻新工程的设计招标，同年十一月由本地的建筑师行 AGC Design Limited（AGC 设计有限公司）所提呈的方案胜出。这个方案的概念是“漂浮绿洲”，在街市天台之上新增一个“U”形的绿化空间和泳池，以四条巨型钢框架作为支撑，视觉上恍如漂浮在半空一般 ***pic.7***。钢框架的结构可减少新增部分对街市原有结构的影响，亦可作采光之用，好让光线穿过天井照亮整座大楼 ***pic.8***。

AGC 的建筑师吴永顺认为保育建筑需要新旧兼容，新旧两部分无论在物料上、形态上都要能够明显地区分出来。设计的重点是如何在保留建筑物原有特色的前提下发挥其新的功能，所以大楼的外墙和窗都会完整保留，甚至连大中庭、大楼梯等都不加改动，务求保持中环街市平实和重视功能性的风格 ***pic.9、10***。后文将会提及的 1881 Heritage 却是一个不大理想的例子，新增部分刻意

pic.7 中环街市活化建筑设计概念图，新建的部分以钢柱来承托，透光力高，符合“绿洲”之称。

pic.8 中环街市活化后以透光玻璃将自然光带进室内，营造舒适的空间。

pic.9 旧中环街市的外貌将被完整保留，构思中的“漂浮绿洲”顶层将种满植物。

pic.10 构思中的“漂浮绿洲”顶层将会作为有机菜园。

模仿旧建筑的外貌，新旧两部分在视觉上混淆，令建筑失却原有的味道。

“漂浮”的手法虽然能令新增的六千平方米绿化空间与旧建筑在外观上分隔开，但是要达至“漂浮”的效果便需要尽量缩小柱子的体积，并将落柱点向天井内移 ***pic.11***，使柱身更为隐藏，否则柱子便有如大象脚一样围在建筑物的四周，难以营造“漂浮”的感觉。正因如此，这个设计在新建部分的四边运用了悬臂式结构，且跨度很大，情况就像建造一条桥梁一样，在结构上是很大的挑战。

设计团队在深化设计时，曾在二〇一二年初到访日本，咨询日本建筑大师矶崎新对“漂浮绿洲”的意见。由于市区重建局希望取消空中泳池，矶崎新亦赞成将新建部分由“U”形设计改为“O”形，这样便进一步凸显建筑物原有的长方形结构和外貌。另外，为增加楼面面积和配合街市日后改作为文化活动场地，修改设计提出挖建一层地库以作剧场之用。虽然这样的改动可能进一步推高建筑成本，但项目财政预算现仍维持在五亿港元。

中环街市的活化工程确实有相当大的难度，它会否成为一个成功的活化例子，为繁忙的中环街头带来清新气息？或是像西港城一样，改造多年后仍无法赋予合适的灵魂？我们拭目以待。

pic.11 为制作漂浮效果，新加建的柱要向内移。

搬迁式保育：赤柱美利楼

人们都希望香港的古旧建筑能够像西港城和中环街市一样，可以被保留及活化。但是，这些旧建筑物大多位于英国人早期聚居的地区，而这些地段亦逐渐发展成香港都市的繁华地段，所以若要将这些旧建筑原址保留，确实有很大的难度。

美利楼正是一个受都市发展影响的例子。建于一八四四年的美利楼原本身处中环中银大厦的位置，属美利兵房的其中一个军营，亦曾用作差饷物业估价署的总部。但是随着香港金融业的发展，中环的核心商业地段供不应求，而美利楼空置多年，政府便决定把这座大型的英式建筑重置至赤柱，并配合新赤柱商业区的发展来改造。昔日，赤柱的市集范围主要是在巴士站一带的半露天摊档和海旁的特色食肆。美利楼搬迁至赤柱后，改建为集餐厅和香港海事博物馆（已于二〇一二年六月迁往中环八号码头）于一身的综合大楼，延伸了新海旁区的食肆网络，并设有露天广场作表演之用。

新旧结合的结构

当政府决定搬迁整座建筑物时，首要考虑的是要保留哪一个部分。在搬迁途中必定会破坏部分构件，又或者部分构件是不能拆卸后重建，再加上

pic.12 美利楼只保留外部柱子而内部结构则是新建的。

原大楼的间隔和规划都已不适合现代社会的需要。最后政府决定只保留大厦的外墙部分，不保留大厦内的原间隔。

幸好美利楼的主要部分都是用花岗岩来建造，可以根据原石材的组合把石头逐一分割后，记下号码，然后运至赤柱再重新结合 *pic.12*。虽然石材可以拆装重新组合，但始终也难免被损坏，特别是接合部分，而有些部件更可能在拆卸时已被折断，因此原来的石柱未必能再次用作建筑的结构柱。搬迁后的美利楼中央部分是新建的混凝土楼板，并用新建的混凝土墙用作主结构，再加上新建的框架（Truss）来承重屋顶部分，并铺回旧大楼的瓦片。

为了减轻原石柱的撑力，回廊上的屋顶由新建的混凝土墙延伸出来，石柱只是负责自身的重量，回廊上原有的拱门也被拆去。另外，由于楼板是新建的，负重能力自然提高了不少，因此可以容许数间大型餐厅和海事博物馆在此经营 *pic.13*，同时可以在楼板中间大开洞来安装扶手电梯，令这座建筑更适合日常使用。

pic.13 美利楼内部结构则是新建的。

新地标新核心

美利楼的重置无疑是本地建筑界的一个创举，能够把整座大楼的主要外观部分拆卸、迁移并且重建，绝不容易。单是把数以百块计厚厚的石材由中环运至赤柱已经相当复杂，而且要按先前的号码来重新组合，这就更是难上加难。虽然曾经有人批评过重置后的美利楼，在结构上已与原先大楼有明显不同，而且外墙上的石柱只能说是装饰品之一，失去了其在原建筑中的功能，并非不可或缺的结构部件。而回廊后的窗户亦是重新装上的，外貌上已与旧大楼有明显分别。但是政府确实尽力保留了旧美利楼的外观并重新注入新的功能，这确实已达至平衡保育与发展的需要。现时的美利楼不单因为它自身的历史背景、建筑材料的独特性而变得珍贵，就连其重建的方式也是独一无二，令这座大楼变得格外珍贵。

HE PENINSULA

CHAPTER 3

3.2
向上与向下的扩建

半岛酒店

1881 Heritage

在西港城及中环街市的保育建筑例子中，其设计的难度是如何在旧有的建筑上改变其原有功能，赋予新的灵魂。

在这章中讨论的半岛酒店及前水警总部建筑群的活化项目则是在原有建筑物上加建，延续原有建筑物的精髓。

pic.1

由拆卸变加建

半岛酒店 pic.1 于一九二四年开始兴建，一九二八年落成启用，至五十年代时仍是当时九龙区最高的建筑物，是香港最早的世界级酒店，亦有“远东贵妇”的称号，是香港第一所有煤气和电力的大厦。现时被古物咨询委员会评定为一级历史建筑。半岛酒店采用十六世纪文艺复兴风格，外形成“U”字形，中央凹入的部分是中央水池和酒店大堂，基本格局与其他欧式建筑类同，但在香港这个东方城市中属于另类的建筑形态，亦相信是香港最大型的殖民地式建筑。八十年代半岛酒店旧大楼部分超出原身设计的负荷，不能满足五星级酒店的要求，再加上文化中心和太空馆的建立，阻挡了不少酒店的景观，令酒店的海景房间大幅减少，所以半岛酒店集团决定重建半岛酒店。

集团曾考虑拆卸整座旧大楼后重建，但是由于受到当年启德机场的航线限制，九龙半岛的建筑物高度被限制在六十米之内，就算整座酒店拆卸后重建都未必可以大幅增加海景房间的数目，而酒店亦会因此而停业数年，不符合效益，于是放弃了这个想法。第二个方案是在酒店原有的东、西、北翼基础上再加建南翼，把原有的明堂位改建为中央庭园。由于新南翼只属酒店的附加部分，所以对旧大楼部分影响轻微，也不会严重影响酒店的运作。但这方案仍是未能为酒店带来更多的海景客房，而且亦破坏了酒店中央花园的空间。

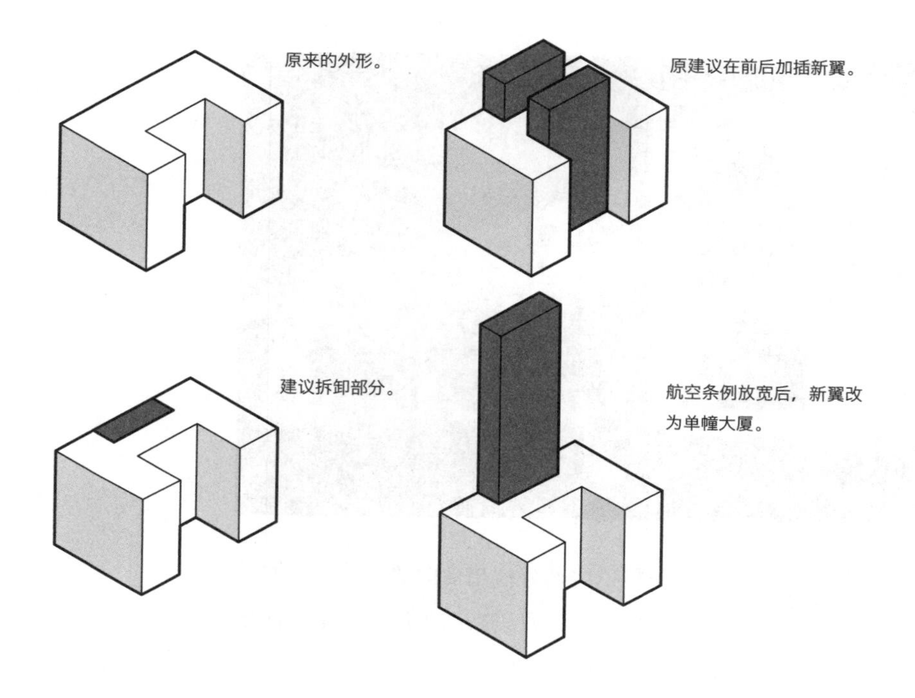

pic.2

直至航空技术改善后，政府亦放宽了该区的楼宇高度限制，由以往六十米改为一百二十米后，半岛酒店出现最终的扩建方案。在酒店的北面即后街的一边进行局部拆卸，并加建新翼部分，这个方案不单不必改动大堂，酒店亦可以在工程进行期间继续营业，最重要的是可以把建筑物高度加建至一百二十米，大幅增加海景房间数目，原建筑外观也得以保留 *pic.2*。

承传精髓

半岛酒店的扩建设计由著名建筑师严迅奇负责，扩建部分必须承袭旧翼的传统风格。但是酒店旧翼是横向欧式建筑设计，而一百二十米高的新大楼明显是纵向式设计，最大的难度在于如何融合新旧大楼的横向和纵向两部分 *pic.3*。为了配合旧建筑群，新翼以简单的长方体为设计蓝本，外观沿用旧大楼的中轴式设计，连窗户都尽量跟从旧翼大楼窗户的大小，但为了使新翼外观符合比例，中央和两侧都是采用黑色落地玻璃，令新翼大

pic.3 中央高层部分为半岛酒店新建部分，左右两侧为原有部分。

pic.4 旧水警总部活化后只余主体建筑，现为酒店。

楼看上去更为高挑。另外在新翼顶层部分使用横向的飞檐，这亦是沿袭旧大楼屋顶的特色。最顶层部分是双层高的餐厅，这里全面使用黑色落地玻璃，减轻其在整座大楼内的比例。

至于外墙的主颜色则是一个大问题，因为旧大楼始建于二十年代，当年所使用的技术和材料与现今的建筑科技大不相同，旧大楼的外墙上所使用的材料是灰色的石材。数十年后想找回相同的建筑材料几近不可能，就算同一个石矿出产的石材都会因年代不同而颜色有变化。因此，在新翼的外墙上使用的是灰色金属铝板，因为铝板的颜色可在电脑上预先调校和测验。而且铝板的重量比石材轻，因此外墙挂件对负重力的要求和造价也会大幅减少。

虽然新翼的外墙颜色已尽力做到与旧大楼相近，但是铝板与石材的反光度还是有明显不同。在日光之下，新旧翼的外墙上会出现色差。但总体而言，酒店新翼在设计上与旧翼相符，两者风格融合，看起来是一座整体性的建筑。

物以罕为贵

同样的加建工程在 1881 Heritage 的案例中就更见挑战性。1881 Heritage 原为香港水警总部，始建于一八八一年，整座建筑群包括主楼、马厩及报时塔（俗称圆屋），亦是香港少数沿海的英式建筑，于一九九四年被列为法定古迹。二〇〇三年由长江实业投得该地段发展为酒店及高级商场，命名为“1881 Heritage”。与半岛酒店加建工程不同，旧水警总部建筑群将被赋予新的功能 *pic.4*。

巧妙利用山坡形势

由于旧水警总部被列为法定古迹不能清拆，而且是位于小山坡之上，与四周新填海得来的平地有高低之差。为了保护主体建筑的完整及增加与四周道路的连接性，建筑师巧妙地利用原有山坡的斜度来制造层层堆高的店铺，以低层店铺衬托主体建筑的地位，而依山而建的店铺亦不会变得喧宾夺主 *pic.5*。

整个扩建工程最成功的是利用一个小型广场来打破旧山坡与梳士巴利道之间的隔膜，并成为人流焦点。利用数条扶手电梯和楼梯连接广场至主体建筑的一层。1881 Heritage 利用其依山而建和欧式建筑特色吸引了大量游客到这里参观，也成为香港热门的婚纱照拍摄场地。

极高档的路线

1881 Heritage 在规划上虽然已满足了提升旧建筑的层次，但是始终只能在低层作小规模的扩建，新增的销售面积却不多。虽然旧大楼租给文华酒店但亦只能提供少量房间，所以带来的商业效益始终有限，因此低层的店铺只能采取高档次的策略，务求依靠高毛利的产品带来可观的回报，这某程度上是延续广东道一带的名店街 *pic.6*。不过若从高档次的购物区的角度来说，全开放式的购物通道未必适合，因为香港的夏天炎热而且雨季不短，露天的购物通道容易受不稳定的天气影响，亦正如广东道一带都是沿街的名店，但都陆续与室内商场连接，以防止天气不佳时影响人流。

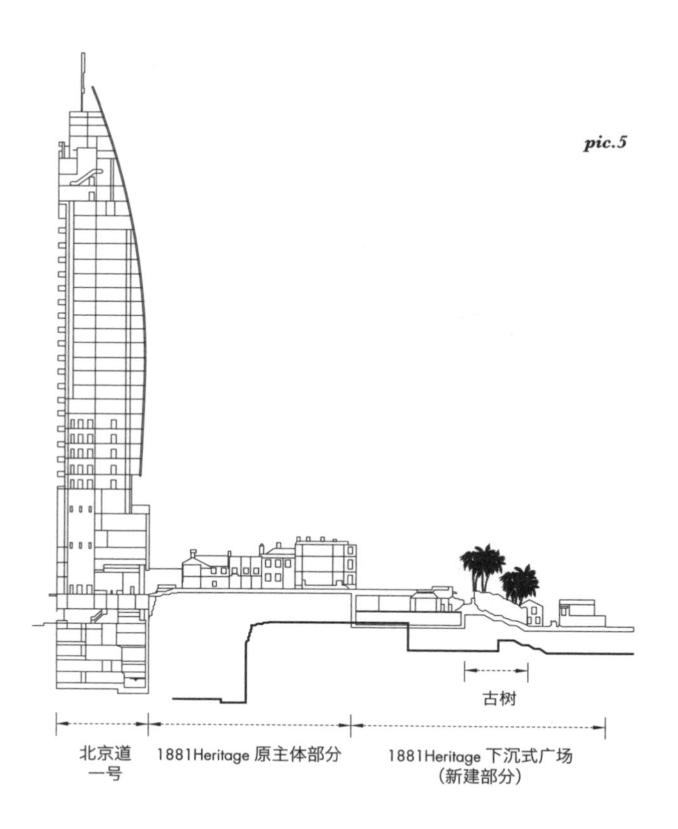

pic.6 旧水警总部主体建筑前的小山坡改建为商店及下沉式广场。

失败的例子：西营盘社区综合大楼

善用建筑物的历史背景确实可能会提升该建筑物的欣赏指数，并能为下一代保留城市内的历史标记。不过，这样的概念未必适合所有例子，西营盘社区综合大楼就可算是一个反面例子。这处原为外籍护士宿舍，后来曾改为麻风病院及精神病院，在“二战”时曾被日军用作行刑的地方，自一九七一年开始便一直空置至一九九〇年，这里经常发生闹鬼传闻，因此亦成为鬼片热门取景地点。

当社区大楼重建时，政府决定保留旧大楼外围的拱形长廊及厚实的护土墙，并把低层改建为停车场，在上层加建社区会堂和单身人士宿舍等设施。为满足社区对空间的需求，新建部分有几层楼高，并包含社区会堂这种大跨度的空间，与旧有建筑相并时犹如巨人和

pic.7 相比原本的建筑，西营盘社区综合大楼新加的部分庞大，视觉及比例上都不平衡。

pic.8
（左）原大楼只保留回廊石墙及拱门。
（右）旧大楼的外墙用钢条连接新大楼的结构。

小孩 *pic.7*。所以原有大楼的结构难以承受新建筑，不能全部保留，只能局部保留大楼低层的外墙部分、拱门及回廊 *pic.8*。但由于该部分的空间欠缺阳光且邻近停车场，很少人会在此处停留，因此拱门和回廊失去了供人休息和遮阳的功能。

除了建筑比例外，在视觉比例上亦出现了一些问题。原大楼是依斜路而建，大楼在视觉上的横向和纵向比例是以般咸道一边的高位为优先考虑，所以高街低处的一角只用密封的石墙。不过，现在保留的部分则以低位作为保育重点，新建部分又占去了般咸道一边的高位，而新大楼的比例又如此庞大，因而失去了原有街景的平衡视觉效果。

3.3
壁垒分明的建筑

旧立法会大楼

在香港，很少建筑会在改建后还原至原有的功能，但旧立法会大楼却是一个例外。

这座建筑在一九一二年至一九八五年期间为香港高等法院，由于香港在“九七”回归前的终审法院是英国的枢密院，所以这里在回归前曾是香港最高司法机构。不少经典的大案如“跛豪案”、“林过云案”和“纸盒藏尸案”等都曾在这里审理。随着高等法院迁往金钟的新高等法院大楼，这座建筑自一九八五年开始用作香港的立法会（“九七”回归前称为立法局）大楼，为香港定下很多重大法案。
由于立法会议员人数逐渐增多，对空间的需求亦不断增加，于是政府便决定在添马舰旁的空地兴建新的政府总部和立法会大楼。二〇一五年，这座大楼将再次交予司法机构使用，并将改作香港终审法院。时光流转，这座建筑物将恢复其司法用途，延续过往近百年的使命，再一次改变香港的现在与未来。
面向遮打花园的正门昔日为法官通道，后来是议员入口，而支持政府的集会人士也通常被安排在这边。

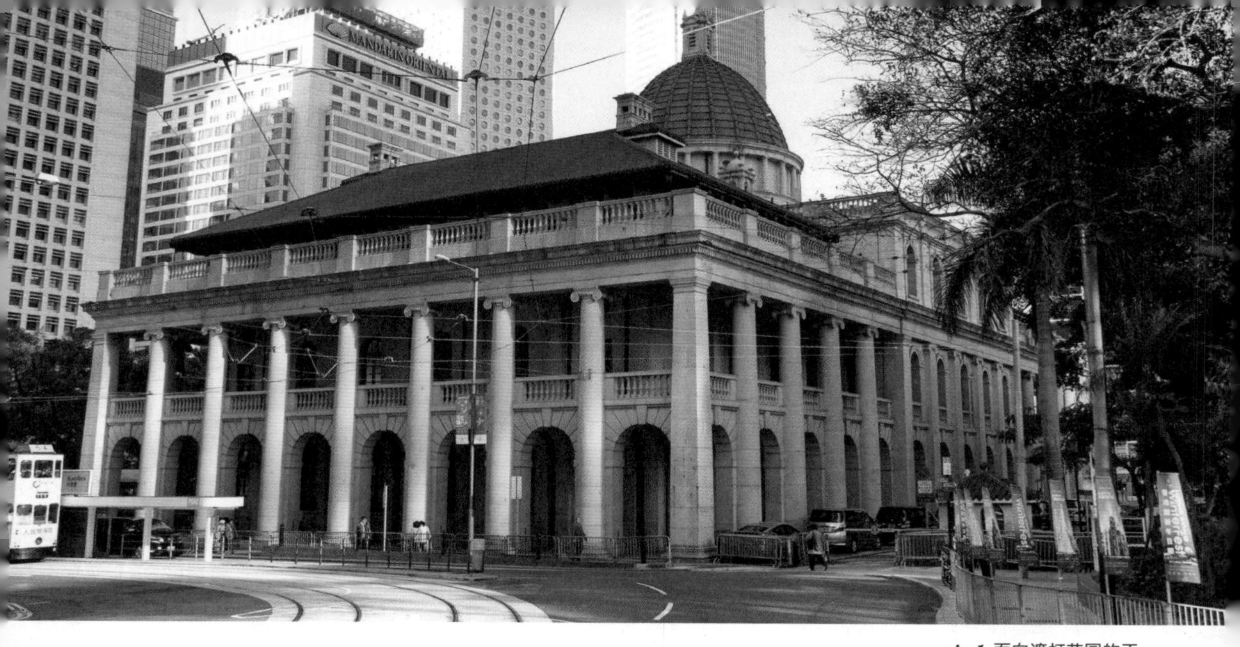

pic.1 面向遮打花园的正门昔日为法官通道，后来是议员入口，而支持政府的集会人士也通常被安排在这边。

壁垒分明的设计

在法院建筑物的设计里，最重要的并不是把建筑物装饰得冠冕堂皇，而是确保法官、律师、疑犯、公众拥有各自的通道。这一设计目的在于避免法官于审判前后与疑犯及其律师在法院范围内有任何接触，从而避免偏私的情况出现。〔*〕所以在旧高等法院大楼正门法官和职员有自己的通道，而公众人士和律师的通道设在法院正门的另一侧；疑犯通道则设在有忒弥斯女神（Themis）的一边，其寓意为疑犯将得到公平无私的审判。如此说来，在法官席的一边（原为立法会主席的一边）是法官和职员通道，在公众席的一边则是昔日公众和律师的入口，而有女神的一边是大楼的后门，向遮打花园的一边才是正门 ***pic.1***。旧高等法院大楼便是以正、后门来分隔各方路线，可谓壁垒分明。

在改为立法会大楼之后，壁垒分明的格局就更加明显。由于立法会经常审议一些具争议性的法案，因此示威、请愿的人士不少。警方通常会预先在旧立法会正门左右两边拦起铁马来分隔正反双方的示威者。就如二〇一〇年“反高铁”和“反政改”运动的事件，

〔*〕在英式法制下，高等法院或以上级别法院的法官权力相当大，他们除了可以影响审理中的案件之外，他们的判决会成为案例，并成为普通法（Common Law）的一部分。在地方法院判案时，地方法院的法官需要根据高等法院的案例作出裁决，所以某程度上高等法院的法官可以说是在“制定”法律，因此他们的中立性十分重要。

pic.2 面向皇后像广场的后门昔日是疑犯及律师入口，后作立法会时，反对政府的集会人士则会被安排在这边。

正反双方都热血沸腾，警方便需要将两方分别隔开在旧立法会的正、后门，以避免冲突发生。根据过往经验，支持政府的一方就多数在正门（即遮打花园的一边），反对政府方案的一方就在后门（即皇后像广场的一边）*pic.2*。这是因为政府官员多数会乘车到旧立法会开会，而后门是不能让汽车驶入的，故官员必须由正门出入。亦因为如此，后门才容许搭建演讲台，方便反对政府的一方在集会时发表演讲及聚集群众。就是这样的一个安排使旧立法会大楼无论内与外都充满着政治火花。此时，假若大家从太子大厦的高处俯瞰旧立法会大楼的话，便会看到这座建筑物分隔了皇后像广场和遮打花园，而正反各据一方，壁垒分明。

花十二年时间兴建的珍贵古迹

这座建筑物在一八九八年由英国建筑师阿斯顿·韦伯爵士（Sir Aston Webb, 1849—1930）及 Edward Ingress Bell（1837—1914）设计，阿斯顿·韦伯爵士亦是设计白金汉宫东立面、英国维多利亚与阿尔伯特博物馆（Victoria and Albert

Museum）的建筑师。为了突出法院形象，阿斯顿·韦伯爵士在建筑物的门廊上三角楣饰的顶部加了一尊代表公义的忒弥斯女神（Themis）雕像 *pic.3*，女神雕像高二点七米，右手持代表公正的天平，左手持象征权力的剑，蒙上双眼，表示法律精神不偏不倚，公正严明。

值得一提的是，这座大楼始建于一九〇〇年，直到一九一二年才完成。虽然那是个没有电脑的年代，当时的建筑科技亦不及现在，但是花十二年兴建一座三层楼高的建筑物，所费时间会否过长？

原来，当时混凝土和钢材还未开始普及，整个大楼是用花岗岩石来建造的。不过要找到符合硬度的花岗岩石绝非易事，承建商结果花了八年时间来寻找适用的石材和巧手的石匠。另外，外立面上一系列的圆拱门不是偶然加上的元素，亦非建筑师单纯为了美学而设的装饰。这其实是由于石材的横跨度不大，横向空间需要使用拱门来承托，因此在寻找石材的过程中最困难的除了挑选主柱之外，拱门中的基石，作为整个拱门最受力的支点，体积虽小，却担当着非常重要的角色。

pic.3 旧立法会后门中央屋顶立有忒弥斯女神像，是法院独有的元素。

这座大厦亦是香港少有中西合璧的建筑物。大家可能会觉得奇怪，这大厦在外形上好像并没有糅合中式建筑特色，但其实秘密就藏在其所用的建筑材料当中。大楼的四坡屋顶以双层中式瓦片铺砌，并采用精心雕琢的中式柚木托架承托屋檐。这正是英国 Art & Crafts Movement 的精髓，建筑物需反映当地材料的色彩和质感。由于香港夏天天气炎热，所以大楼地下筑有拱廊，一楼设有露台，既可防止阳光直接照射大楼内部，同时亦有利通风，帮助散热。

庞大维修费

旧立法会大楼在一九七八年曾因为中环地铁站的扩建（即现在遮打花园和香港会出口）而受到不少破坏。当要建造如此大型的地底空间时，需要挖走泥土和抽走地下水，然后建造护土墙（Diaphragm Wall）。尽管地盘监工会补回泥土所失去的水分，但始终难以令四周的泥土水分回复原有状态，结果导致旧立法会大楼的石柱受力不均，整座大楼出现六百条裂痕。

pic.4 旧立法会最后一晚，市民投入纸飞机寓意民意飞入立法会。

最后需要动用数百万港元维修，幸好当时政府是地铁公司的大股东，才没有引发诉讼。

尽管立法会大楼能逃过这场浩劫，但由于花岗岩始终是天然材料，容易受酸雨和风沙破坏，这座大楼每天需要花费近四万元来维修。同样的情况亦存在于旁边的旧香港会大楼，它同样属于这种花岗岩式的结构，可惜由于维修费惊人且空间有限，业主便把整个大楼拆卸，改建成现在的香港会大楼，因而令旧立法会大楼成为香港现时唯一一座花岗岩建筑，亦相信是唯一一座中西合璧的建筑。如果旧立法会大楼不是政府物业，亦没有早早纳入为法定古迹，它的命运也许会如旧香港会大楼一样被送往堆填区。

虽然旧立法会大楼每天都以"烧银子"的方式来维护，但由于现存的旧建筑物中极少以花岗岩作为结构，更何况优质的花岗岩难寻，合适的石匠难求，即使大撒金钱亦未必能重建同样的一座大楼。可想而知，旧立法会大楼是非常珍贵的建筑物 *pic.4*。

英式建筑密码：黄金比例

若以旧立法会大楼为例子：

建筑物的最高点（B）：建筑物的阔度（C）= 1 ：$\sqrt{2}$

尖顶部分（D）：尖顶至平顶部分（E）= 1 ：$\sqrt{2}$

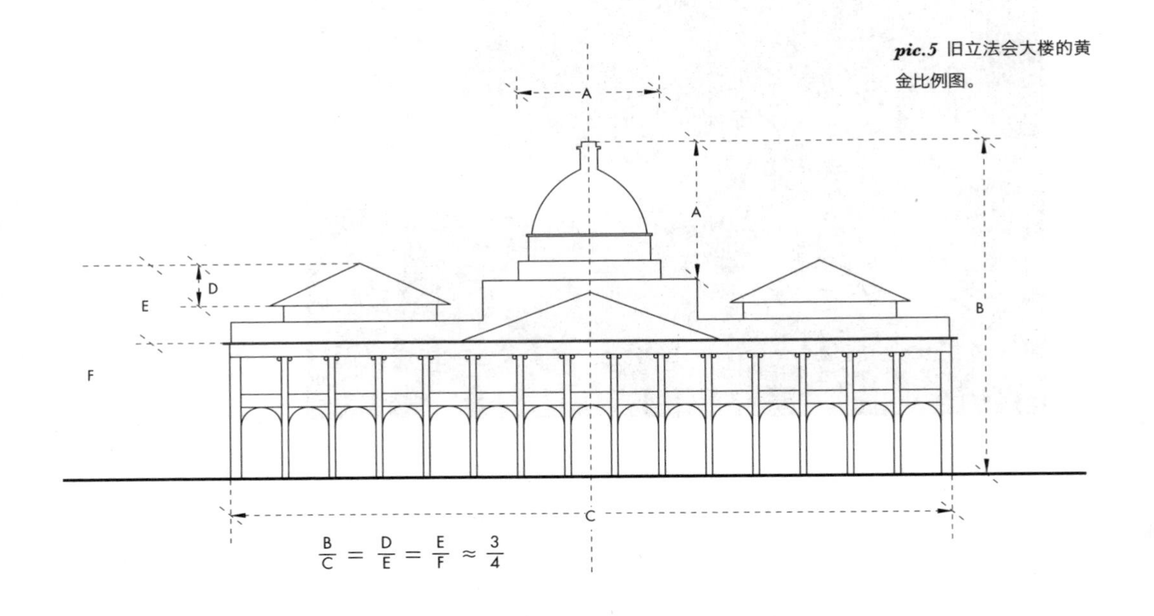

pic.5 旧立法会大楼的黄金比例图。

尖顶至平顶部分（E）：尖顶至地面的高度（F）= 1 ：$\sqrt{2}$

中央部分的圆拱形尖顶的长（A）：阔（A）= 1 ：1

旧立法会大楼除了是香港最高的立法或司法机关之外，亦是英方管治香港的重要标记。大楼采用了英国常见的新古典主义建筑风格，仿效古罗马的中轴式建筑设计，四周筑有约十七米高的爱奥尼亚式（Ionic Order）圆柱，中央为圆顶建筑，两边左右对称。整个立面是根据黄金比例来设计 ***pic.5、6***。

黄金比例是在两千四百年前由古希腊数学家所发明的，它是由毕达哥拉斯定理（Pythagorean theory: $a^2 + b^2 = c^2$）演进而来，是最适合人类眼球的视觉比例。现在所有 4 ：3 电视机荧幕、A4 纸都是根据这个比例来决定高度与长度关系。旧立法会大楼亦受到此美学观念影响，它的高度和阔度比率大约为零点六一八，形成一个黄金比例。而黄金比例不只是美学的比例，还是结构上的比例，因为在没有电脑的年代，建筑师只能根据经验来估算结构柱和梁的大小。

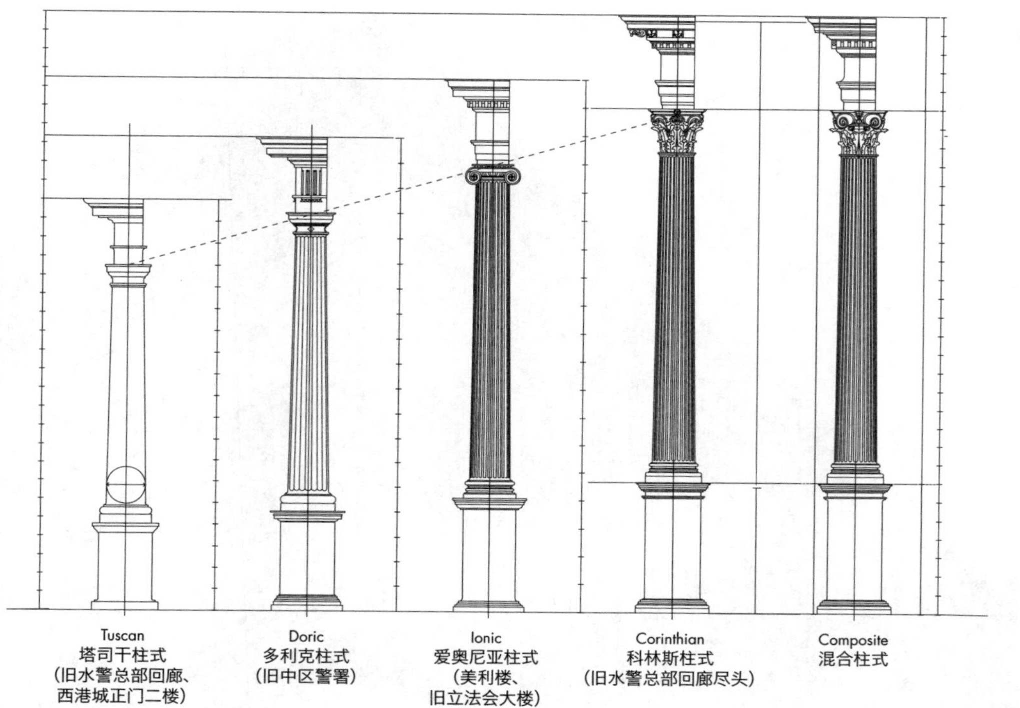

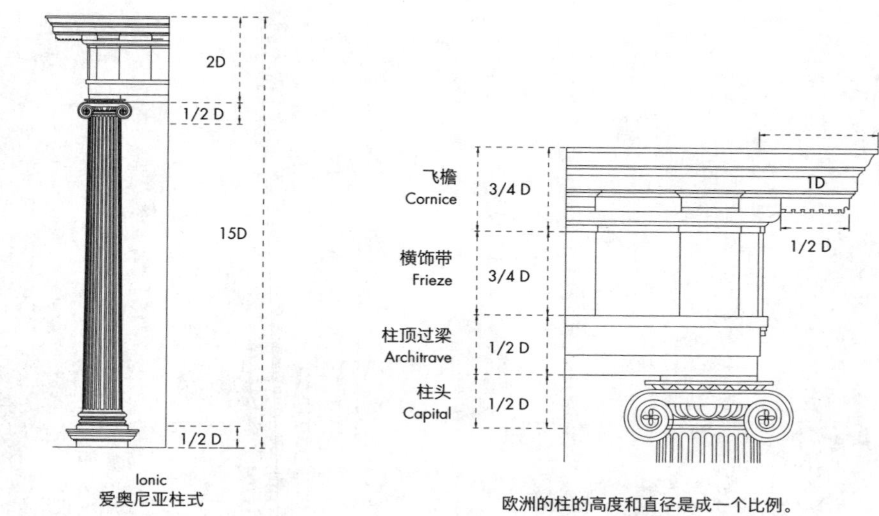

欧洲的柱的高度和直径是成一个比例。

HOLLYWOOD RD

3.4
闹市内的正邪广场

中区警署建筑群

离中环兰桂坊不远有一个非常特别的建筑群——中区警署、前中央裁判司署及域多利监狱，可说是集起诉、裁判和监禁于一身。这不仅是香港独一无二的建筑群，在世界其他地区亦属罕见。

整个建筑群依山而建，中区警署位于荷李活道一边的最底层建筑，于一九一九年兴建，连接中央广场、警署中座及近亚毕诺道的前中央裁判司署，在这几座建筑物之间有一条狭窄的走道，通往香港首座监狱——域多利监狱。这座监狱与警署和裁判司署只有数米距离，而且与民居相邻，监狱与民居之间只靠一道挡土墙来分隔。

pic.1 域多利监狱广场以前是平衡囚犯心理的重要场所，现开放给市民举办艺术展及参观，左边为囚室。

监狱广场

域多利监狱 ***pic.1*** 建成初期，主要用作收押外籍犯人，大部分外籍囚犯会被单独囚禁。一般的华籍犯人多以笞刑、剪辫或刺青来代替监禁，而华籍重犯则多数会被逐出香港岛，送往当时仍属满清的九龙或流放至马来西亚。因此，香港最旧的几座监狱都是以单独囚室为主，后期加建的几座监狱因犯人数目增加，才改以多人囚室来规划。

A、B 座为整个域多利监狱之中最旧的囚室，充分反映出近百年前的建筑构想。囚室的设计当然是以保安为首要考虑，故囚室的外墙和间隔墙都以又厚又实的砖墙来建造。尚未有中央空调的年代，每个囚室都设有独立的通风口。而为了平衡保安和通风的要求，通风口必须设在人手触摸不到的地方 ***pic.2***。这种特高楼底的设计，除了能有效地防止囚犯逃走之外，还能避免囚犯在囚室内轻生 ***pic.3***。

pic.2 囚室内窗口设在囚犯触手不能及的地方。

囚犯也需要有自由活动的时间，所以在六座囚室之间辟有一个供囚犯活动的广场。这个广场表面上是一块平平无奇的空地，但却是整座监狱里唯一可以让囚犯眺望远处，并接触到阳光和树木的地方，所以到广场自由活动的时间又被囚犯称为“放风”。“放风”期间，囚犯亦能与其他人交流，这个广场可以说是用作平衡囚犯心情的一个地方。因此，就算监房和囚犯的数目一再增加，惩教署都宁愿把单人囚室改为多人囚室，也不愿斩下广场内的大树加建新囚室，因

pic.3

为这个广场对安抚囚犯和惩教人员确实起了十分关键的作用。

警署广场

囚犯是人，警察也是人，所以旧中区警署在规划上也考虑了露天广场对整个建筑群的效用，并以露天广场为核心。旧中区警署始建于一八六四年，再在一九〇五年把警署部分加建至四层，并在一九一九及一九二五年加建另一座四层高的大楼和另一座两层高的军械仓库。不过，无论如何加建，警署范围内都会保留中央露天广场。这个广场除了作警员集队之用，还形成了警署内最大的公共空间。

警队经常日以继夜工作，而工作的地方又可能是不见天日的差房，因此这个露天的广场便成为警员短暂停留和休息的空间。而当中环的摩天大厦相继建成，旧中区警署的广场就逐渐成为整个建筑群唯一可以“呼吸”的空间 *pic.4*，警员可在广场或两旁的回廊 *pic.5* 上稍作休息，然后重新投入工作。回廊在旧殖民地式的建筑物中很常见，例如旧立法会大楼、赤柱美利楼都有类似设计。但中区警署的回廊则与别的不同，这些回廊是内向的，广场左右两侧的回廊互相呼应，与中央广场组合成多层休憩空间，令整个空间变得归一。

记得笔者在大学时，教授曾说过人类只是地球上众多的生物之一，且是群居的生物，始终渴望接触到阳光、空气和植物，也希望与其他人类接触。选择居所时，开敞、向海、向山的房子总是大受买家欢迎，这就是人类的天性。因此，对一个人最大的惩罚未必是体罚，而是把他关在黑房之内。

在中区警署建筑群这个例子里，人们无论是正是邪都需要一个广场来平衡及凝聚整个空间，也体现了百多年前，建筑师们对空间运用的智慧。

英式建筑的价值

旧中区警署虽然是英式建筑，但大部分建筑物都属内向性的设计，除主建筑大楼之外，其他大楼的外观并没有太多英式建筑的特征。沿荷李活道

pic.4 旧中区警署内的广场被四座建筑环抱，形成重要的“呼吸”空间。

pic.5 另一座四层高警署也设有回廊。

pic.6 位于荷李活道的主建筑大楼采用中轴式对称设计。

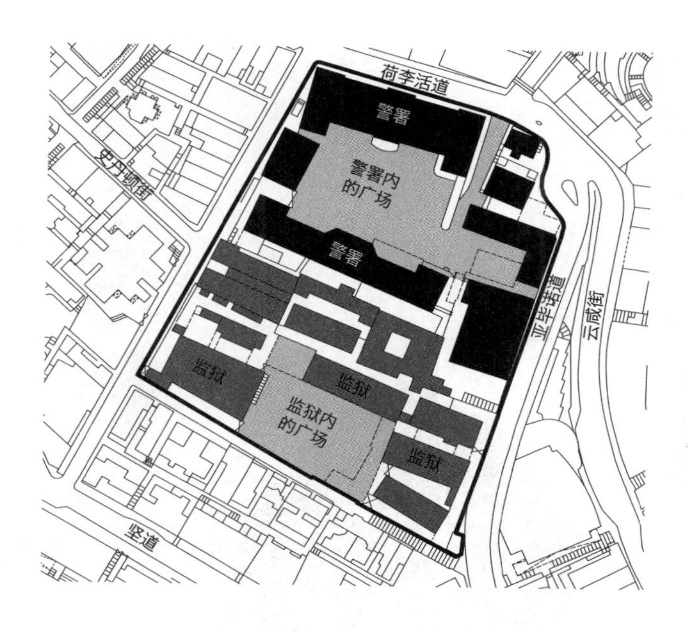

pic.7

的主建筑大楼，其外观采用了中轴式对称的设计 *pic.6*，高度和阔度以黄金比例来建造，充分体现了英式建筑的特征。麻石的外墙，圆拱形的窗户，配合在二楼多利克柱式（Doric Type）的柱子，种种细节都充满了殖民地色彩。而二楼的回廊则用作通风和遮阳，功能和旧立法会大楼的回廊相似。

由于旧中区警署在闹市内别具特色，故关闭后曾作短期艺术展览用途，亦是市民拍摄婚纱照的热门地点。直至二〇一〇年十月，发展局与香港赛马会公布中区警署新计划，修订计划建议将旧中区警署活化为当代艺术中心；新建的奥卑利翼用作展览场地，高度上限为八十米；亚毕诺翼则提供多用途场馆及中央设备 *pic.7*。

CHAPTER 3

3.5 非典型教堂

天主教圣母无原罪主教座堂

圣约翰座堂

圣公会圣马利亚堂

西方传教士在百多年前已开始在香港传教，天主教和基督教不单在香港形成一个宗教网络，更是一个重要的教育网络。

早期的教会除了传教以外还包含教育、济贫和医疗等服务。教育成为教会的重要工作之一，现在香港很多顶尖人才都是出身教会学校，而香港很多传统名校也都是教会学校，教会无形中已成为香港经济发展的基石。香港有不少教堂都附属在学校之内，其他独立出现的教堂建筑风格则多为歌特式建筑，当中比较有名的便是坚道的天主教圣母无原罪主教座堂及金钟圣约翰座堂。

pic.1 天主教圣母无原罪主教座堂

香港的本地教会

天主教圣母无原罪主教座堂 *pic.1* 于一八八三年奠基，五年后启用，一九九〇年被香港古物古迹办事处评定为一级历史建筑。这座主教座堂全长八十二米，阔四十米，高二十三点七米，共有三十八条花岗柱，是全港最大的天主教教堂，亦是香港天主教会的宗教核心。

离这座天主教堂不远的金钟圣约翰座堂 *pic.2* 始建于一八四一年，是香港少数独立的古教堂。这教堂可以在闹市中生存过百年，是因为这块教堂用地是香港唯一一块永久属于英国王室的地皮。这块地皮没有地契，拥有权没有年限，圣公会可以无限期拥有此地皮，而圣公会的宗主权是英国王室，因此这地皮亦属英女王所有，教堂也可以永久存在于香港的金融地段。

这两座教堂规模小，亦没有如欧洲教堂般深具历史背景，但在建筑设计上却又别具特色，与欧洲典型的歌特式教堂明显不同。

pic.2 圣约翰座堂

另类的歌特式教堂

欧洲的教堂主要分为歌特式教堂和巴洛克式教堂两种，当中以歌特式教堂比较流行，因为歌特式教堂比较容易兴建，而且可以提供较大跨度的室内空间。

典型的歌特式教堂平面为十字架形，中央部分为本堂，十字架的正中心为神父主理圣道礼仪的圣坛，这亦是教堂最高的位置。本堂两侧为厢堂，圣坛后是颂经席和回廊，这亦是天主教圣母无原罪主教座堂的格局。不过，圣约翰座堂虽然是十字架形结构，但是本堂不在十字架形的中心，而是在教堂的末端，亦即是没有了圣坛后的颂经席和回廊。

歌特式教堂多数以“交叉拱顶”为主结构。这样可以让教堂有更大的跨度，而建筑物料选材方面亦可以有更大的选择。圆拱形的结构就是需要柱墩向内推以维持结构平衡，要解决这问题可以把钢缆嵌入柱墩之中并把两边的柱拉紧防止柱墩向外倾，但为求美观和减少视觉上的阻碍，便在每个圆拱形结构外加“飞扶壁”（Flying Buttress）来稳定结构向内推的力量，所以典型的歌特式教堂的外墙柱墩是最粗的。

至于屋顶，典型的歌特式教堂多数是采用“交叉拱顶”（Groined Vault）的结构，交叉拱顶的结构是两个圆柱状拱顶彼此相交，屋顶的重量由四边支撑并把重量归至四边的柱子之上，这便形成一个单元 *pic.3*。典型的歌特式教堂的屋顶便是由这个单元重复组合而成的，所以相对巴洛克式教堂而言是比较简单而且容易兴建。

天主教圣母无原罪主教座堂虽然也采用了双向性圆拱形的结构作为基本单元，拱门两侧也都是以飞扶壁作为支撑，但是本堂的屋顶则采用了木结构而非石结构。屋顶结构模式主要是在圆拱形之上再加普通的横梁，而非欧洲歌特式教堂常见的“交叉拱顶”*pic.4*。

pic.3 典型的歌特式教堂多采用“交叉拱顶”，由两个圆柱状拱顶十字相交。

至于，圣约翰座堂则更不同，它不单没有采用飞扶壁，而且在本堂范围内放弃了大型圆拱门，以一个大三角形木结构来支撑屋顶，大三角形的对角加了“X”形的木框架来加强结构，在室内可以清楚看到由大三角形所组成的木结构屋顶，压低了本堂的空间感 *pic.5*，亦使耶稣的圣像只在视觉的水平范围，这一点在欧洲教堂很少见。一般的欧洲教堂会把本堂屋底设计得非常高，耶稣的圣像高挂在圣坛之上，营造神是高高在上的感觉。

引入阳光

歌特式教堂的另一特点是阳光。在典型的歌特式教堂之内，阳光分三个层次照射入室内，第一层阳光从厢堂的一边射进室内，第二层是在本堂之上的小窗处射入，第三层阳光便是从圣坛顶部的窗，所以耶稣像的空间通常是最光的。阳光从教堂左右两边分三个层次射进室内，营造出六道阳光的演变。阳光亦可以说是歌特式教堂最重要的部分，当柔和的光线通过教堂的窗户透进室内，代表着上帝对世人的爱，而窗通常画有不同的圣经故事，当阳光穿过这些彩色玻璃窗的时候便有如神的爱穿透你的心灵，这一种意识形态正代表当时的欧洲信众希望摆脱中世纪黑暗时代的影子。

pic.4 天主教圣母无原罪主教座堂内虽有拱门设计，但屋顶以普通的梁做支撑，亦非典型的“交叉拱顶”。

pic.5 圣约翰座堂的屋顶以大三角形木结构支撑，减弱了本堂内的空间感。

pic.6 天主教圣母无原罪主教座堂有三层窗户，营造三层阳光照射的效果。

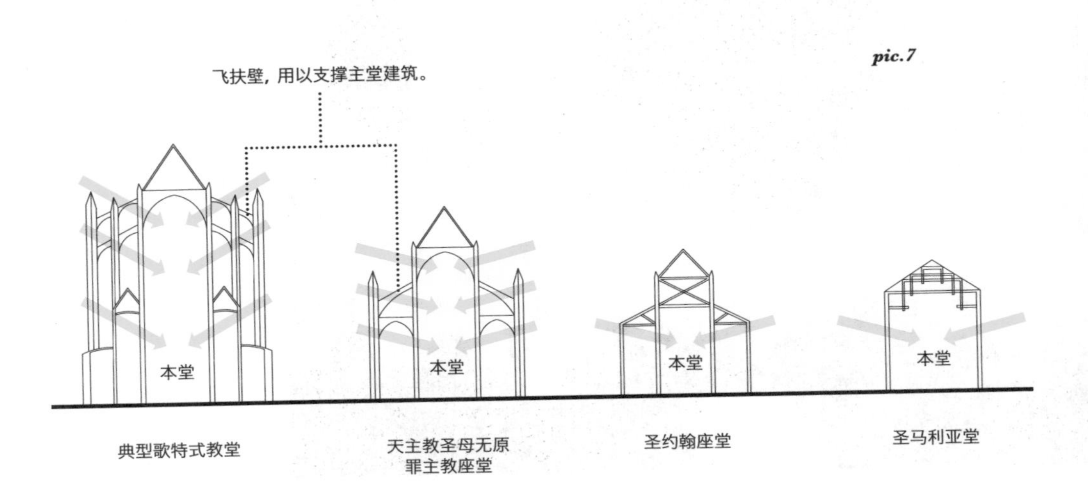

pic.7

pic.8 圣约翰座堂只有墙上两层窗户，而主堂墙上的窗户较小，对引进阳光的作用不大。

天主教圣母无原罪主教座堂也采用了歌特式教堂典型的三层阳光格局，但是近屋顶的部分多数为普通磨砂玻璃 ***pic.6***。而圣约翰座堂则完全相反，虽然玻璃上是有圣经故事的彩色玻璃，但是却没有三个层次的阳光，所以室内比较黑暗 ***pic.7、8***。这两座教堂的屋顶与典型的歌特式教堂不同的原因，应该莫过于成本和工匠技术的问题，当年的教会大部分收入来自海外教友的捐献，而社会的福利及教育服务开支占去了大部分，再加上要在香港找到精通欧式建筑的工匠绝不容易，因此出现了这种另类教堂。

中国特色的教堂

铜锣湾圣公会圣马利亚堂由当地的华人信众集资于一九三六年兴建，找来的工匠都是以本地人为主，因此无论外形和室内工艺上都带有浓厚的中国色彩，颜色和格局上都与欧洲的歌特式教堂大不相同，可以说是庙宇化的教堂。

pic.9 圣马利亚堂的外观十足中国寺庙，绿瓦飞檐下可见斗拱结构。

教堂的外墙采用了中国寺庙常见的红砖墙，不过砌砖的方式是English Bond（与西港城相同），而不是中国人常用的顺砖砌合法。教堂的外形有如一座拉长的寺庙，屋顶采用中国瓦片作为材料，外形加入了中国寺庙的红墙绿瓦和飞檐。室内的布局只是一个简单的长方形空间，没有分本堂和侧堂，室内空间的高度亦不如歌特式教堂般超出人的比例。

结构上采用了中国常见的斗拱设计 ***pic.9***，室内空间是依靠数条混凝土的横梁纵横交错地堆成一个尖顶，并形成一个大跨度的空间来做崇拜之用。室内的装饰带有中国宗教色彩，玻璃窗及墙上不单没有圣经故事彩绘，甚至连耶稣、圣母和天使像也没有，只有一个简单的十字架 ***pic.10***。取而代之，是带有佛教色彩的装饰如刻有莲花的讲道台，有鲤鱼、水波图案的圣坛，印有云锦图案及“卍”字图案的墙壁与长椅。教堂内唯一属圣堂的标记便是本堂中央印有十字架的彩色玻璃，这一个彩色玻璃窗并不是原来的设计，而是

pic.10 圣马利亚堂内部也颇具中国色彩，圣堂上的十字架位置与人的视线平衡。

一九六二年圣马利亚堂金禧堂庆时所制造及安装。由于当年香港缺乏制作精致彩色玻璃的工匠，所以此玻璃需从外国进口，费用惊人，所以只有中央部分才使用如此精细的彩色玻璃，其他窗户只使用普通颜色玻璃。

虽然这座教堂的外形和内部装修带有浓厚的寺庙色彩，但是在规划上确实保留了西方教堂的概念。首先教堂以中轴线设计，左边窗可以感受到日出的阳光，右边窗可以让日落的光线射进室内。另外，教堂的主入口升高了，让教堂与四周的街道保持距离，让信众可以在教堂内专心地祈祷。

这种充满中国特色的教堂设计，除了因为工匠和集资的信众是本地华人之外，亦因为教堂的外形能与四周的建筑物融合，希望令当区的华人更容易接受这座西方教堂及这套西方信仰。

天王

CHAPTER 3

3.6
传统斗拱木建筑群

志莲净苑

香港有很多珍贵的建筑物，珍贵的原因可能是在于其历史背景，地点，建筑物的外形、规模，甚至其造价，但是只有少数建筑物是因为其建筑方式而在历史上留名。

位于钻石山的志莲净苑便属此例，它因为其独一无二的建筑方式及规模而吸引大量的游客慕名而来。

pic.1

香港最大的斗拱建筑物

位于钻石山的志莲净苑最大的吸引力来自它的建筑方式。志莲净苑建于一九三四年，由苇庵法师和觉一法师在蓝昌源等居士协助下成立，起初只为僧侣清修的地方，后来因国共内战，黄大仙祠和钻石山一带出现了很多难民，志莲净苑在一九四八年开始提供贫穷儿童教育、孤儿院、安老院和收容所等服务。随后因四周的木屋区开始清拆，志莲净苑得到政府和有心人士的协助，在一九八八年开始重建，并在二○○○年完成，历时十二年。重建后的志莲净苑采用了仿唐代的建筑为蓝本，大规模地引用中国古代的木建筑技术“斗拱”*pic.1、2*。

斗拱只会出现在古建筑的设计，是中国古代木建筑的精髓，亦是中国建筑与西方建筑的分野之处。斗拱就是木柱与木梁之间的接合点，它重叠了不同纵向和横向的结构部件来承托屋顶的重量。“斗拱”顾名思义是由“斗”和“拱”来组合，斗是用来连接柱头和横梁，而拱是用来让整个结构向外展开并连接更多的横梁。斗拱的层数愈

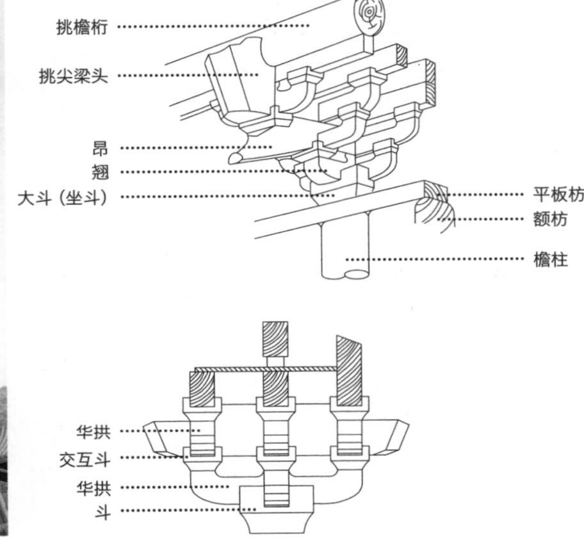

pic.2 志莲净苑的斗拱结构。

pic.3

多，可以连接的横梁就愈多，屋顶的规模便可以变得更大 ***pic.3***。

“重力分散”是另一个斗拱与西方木结构的分别，西方建筑主要是靠个别的主部件来承重，因此万一个别部件超出预设的承重量之后便会爆裂。但是在斗拱的系统中，由于重量由数条木材共同承重，无论横向还是纵向的重量都是由整个系统来承重。所谓“重力分散”，这亦对个别大结构部件的要求相应地减轻，而木结构的稳定性亦相应提高 ***pic.4***。

不过，很多人都怀疑斗拱如此复杂的结构是否华而不实，又或者只是一个严重浪费资源的设计。因为若相比欧式和北美的木建筑，它们的结构组合确实比斗拱简单得多，分别就在于西式建筑需要用钉来组合各结构部件，而斗拱不用，但到底是否只为求不用钉便需要如此大费周章呢？

若要了解斗拱的精髓，就先要了解木的特性。木是天然的材料，木材的硬度因品种和大小而有所分别，不过大型的木材往往需要从十多年，甚至数十年的树木中开采。若在大型建筑或大跨度的建

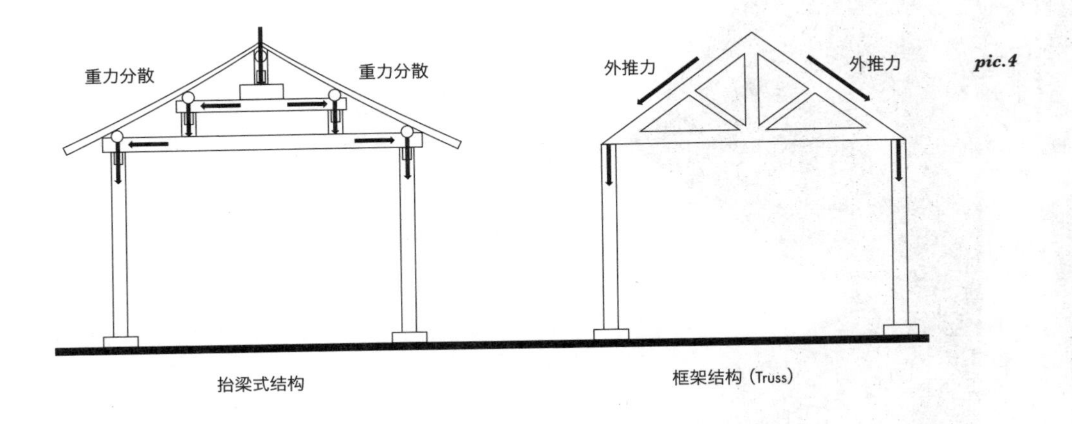

筑中，便很可能需要大量的巨型树干来作柱子和横梁，但可惜这类木材异常珍贵，常常因为找不到适当的木材而被迫停工。

斗拱这类多种横梁组合便成为解决大型木材短缺的方法，中国的大型建筑中，往往是利用多层中小型横梁来代替单一的巨型横梁。虽然斗拱的组件多，工序复杂而且费时，但是工程的开支可能比使用单一横梁来得便宜，因为要找一批合资格的斗拱建筑工人总比找一批合资格的大型木材容易得多。

斗拱精髓

斗拱除了能解决木材的限制之外，还有一个很大的用途，就是延长建筑物的寿命。因为斗与拱是互相重叠在一起，愈重的组合便愈会把斗拱压实，使其紧固。而且斗拱是把不同单元连接在一起，而各横梁则互相交错地重叠，因此假若建筑受力时，力量便会分散至不同的位置，不会使单一斗拱受力。这一点与西方木建筑有所不同，因为西方木建筑的柱和梁是在个别的接合点用钉组合而成，当发生地震、强风的情况时各接合点便会各自受力，万一部分钉脱落，柱和梁便会因此而松脱。

pic.5

另一个特别之处，西方木建筑的柱和梁是牢牢地紧扣在一起，万一个别横梁因白蚁或某种原因的需要更换便麻烦了，因为万一把个别的梁拆下来，便很可能会破坏原有部件上的接合处。换句话说，整座建筑会因为单一结构部件受损而倒下来，而更换个别部件已接近不可能，因为只要拆开其中一个部件就很可能会令整个结构都倒下来。

然而在斗拱的建筑系统中便容许局部更换结构部件，因为该系统提供多层的梁，所以就算遇到白蚁、火灾，甚至地震等极端情况都可以只更换部分梁和斗便能修补损坏的部件。最重要的原因是斗拱系统内的木材没有被钉或螺丝破坏，不会缩减木材本身的寿命。

世间的事情都是物以罕为贵，由于志莲净苑是香港最大型的斗拱建筑 pic.5，因此吸引了不少人慕名而来参观，使得这里原为佛门清净地也变成为香港的旅游重点，并同时改变了四周的环境，开展了不少相关的产业。

CHAPTER 4

建筑
＋
商业都市
COMMERCIAL
&
CITY

CHAPTER 4

4.1 经济与法规

合和中心

金钟太古广场

海港城二期

除了新界原居民的个别土地和金钟花园道的圣约翰座堂之外，香港其他土地都是香港政府所拥有。圣约翰座堂的地皮是永远批给圣公会的，而圣公会的拥有权是属于英国王室，所以这块地在法理上是永远属于英女王。

而香港的其他土地当然是可以按政府的意愿来买卖，但是买地的意思并不是购买了这块土地，而只是购买了土地的使用权，所以这些土地还是由香港政府所拥有的〔*〕。
因此，除了圣约翰座堂这块土地之外，其他的土地是有地契的，地契上列明了这土地的使用年限，年限多数是九十九年或以下，但亦有年限是达至九百九十九年，这种情况多数是香港早期的教会用地或老牌学校用地，如香港大学主楼。如果到期便需要向地政总署申请续期，现在所有土地都会自动续期至二〇四七年，因为是“五十年不变”。二〇四七年后又如何？现在没有人知道。

〔*〕当香港还是清朝管治时，土地的拥有权与其他中国城市一样，都是世代相传的永业权，也就是说政府对个人和氏族的土地拥有权没有年限管制。因此，很可能会出现“一田二主”的情况，即是地面的种植权和土地权是由两个不同的人拥有。地面的耕种权称为“地皮”，土地拥有权称为“地骨”，而“地皮”和“地骨”是可以分开出租和出让。由于现在香港的土地权都属香港政府，所以“地骨”全属政府，因此只会出现“地皮”拍卖，而“地皮”这词亦一直沿用至今。

pic.1

香港土地买卖方式

换地（Land Exchange）：政府希望原址保留个别有价值的古迹或进行旧区重建工程，于是在同区以换地方式来收购业权人的土地和物业。

政府批地（Private Treaty Grant）：政府以低于市价，甚至完全免费的方式批出土地给非牟利机构、办学团体、宗教团体等，香港各大专院校的土地就是政府免费批出。

投标（Tender）：这情况多数是出现在市建局重建和港铁上盖物业发展，政府邀请不同财团入标竞投该项目的发展权，价高者得。有些情况是政府除要求入标财团提供价单外，还需提供设计方案或附加资料，如西九文化区的竞赛方案一样。

公开拍卖（Land Auction）：这是香港比较常用的方法，地政总署在俗称“勾地表”的《供申请售卖土地一览表》内列出土地储备，地产商或有意购买官地的公众人士可以向地政总署提出申请“勾地”，并申报愿意付出的底价，若有关报价合乎政府估价的八成，该地便可被勾出拍卖。勾地者必须与公众共同参与竞价，所提出的竞价不得低于其勾地时报的底价，价高者得。

当土地买卖完成之后，该块土地的发展规模和用途不是任由发展商决定，香港每块土地都由三方面去监管：

①分区计划大纲图（Outline Zoning Plan）

②地契（Land Lease）

③香港法例123条——建筑物条例（Building Regulation）

分区计划大纲图（行内简称OZP）由规划署制订，具法律效力，列出各土地预先批准的发展用途、密度、高度、地积比等资料，完成后交由城市规划委员会（简称城规会）审批相关发展蓝图 *pic.1、2*。

发展商投得地皮后必须根据分区计划大纲图的规定来发展，如果希望更改土地用途或发展密度的话，便需要向城规会申请。在分区计划大纲图两项列表，表一标示城规会已认可的发展用途；表二是可能会批准的发展用途但需作额外申请，行内俗称“Section 16 Application”，申请大约历时三个月。如果发展商提出的发展用途不属表一和表二的话，则需要再向城规会递交更复杂的申请 *pic.3*，行内俗称“Section 12A Application”，历时将会更长。如果申请人不服城规会的决定，可以再上诉，甚至向法院提出司法复核。在香港建筑史上曾多次出现发展商与城规会对簿公堂的例子，当中最有名的就是合和中心的发展项目。

建筑界的法律漏洞

根据当年的分区计划大纲图，合和中心这块土地属于住宅用地，不能作商业楼宇发展，但为何最终能建成办公楼？

虽然分区计划大纲图具有法律效力，但在一九七三年，附于分区计划大纲之后的注释部分却不具法律效力，问题便出在这里。当年合和中心地皮的发展类型在分区计划大纲图中标示属于R（a）类别，但却没有详细说明，只在没有法律效力的附件中加注R（a）属于Residential A Type（住宅甲类）不能作写字楼用途，而地积比只有九倍，可建面积等于四万七千平方米。而在分区计划大纲图中R（a）的标示

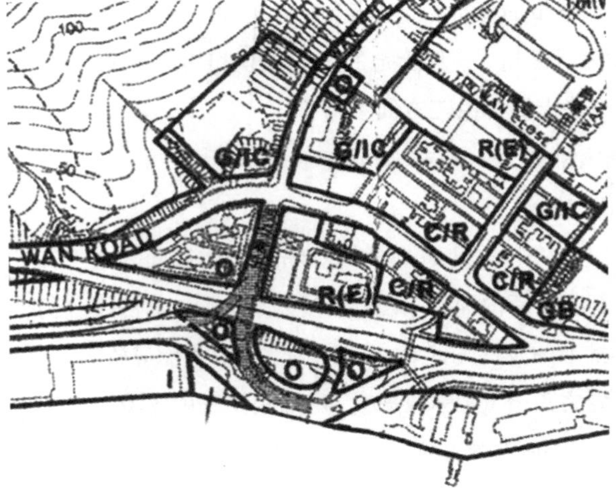

pic.2 图为香港仔部分分区计划大纲图，图中英文字标示其区域的用途：

C/R　商业／住宅

O　休憩用地

R(E)　住宅（戊类）

G/IC　团体／社区用地（政府、学校、非牟利机构等）

GB　绿化地带

I　工业

（图片来源：香港规划署）

RESIDENTIAL (GROUP A)

Column 1 Uses always permitted	Column 2 Uses that may be permitted with or without conditions on application to the Town Planning Boardw
Ambulance Depot Flat Government Use (not elsewhere specified) House Library Market Place of Recreation, Sports or Culture Public Clinic Public Transport Terminus or Station (excluding open-air terminus or station) Residential Institution School(in free-standing purpose-designed building only) Social Welfare Facility Utility Installation for Private Project	Commercial Bathhouse/ Massage Establishment Eating Place Educational Institution Exhibition or Convention Hall Government Refuse Collection Point Hospital Hotel Institutional Use (not elsewhere specified) Mass Transit Railway Vent Shaft and/or Other Structure above Ground Level other than Entrances Office Petrol Filling Station Place of Entertainment Private Club Public Convenience Public Transport Terminus or Station (not elsewhere specified) Public Utility Installation Public Vehicle Park (exluding container vehicle) Religious Institution School(not elsewhere specified) Shop and Services Training Centre

pic.3 地皮的发展用途若属表二（Column 2）则要申请，若不属表一（Column 1）及二，则需作更复杂的申请，而且成功率较低。（图片来源：香港规划署）

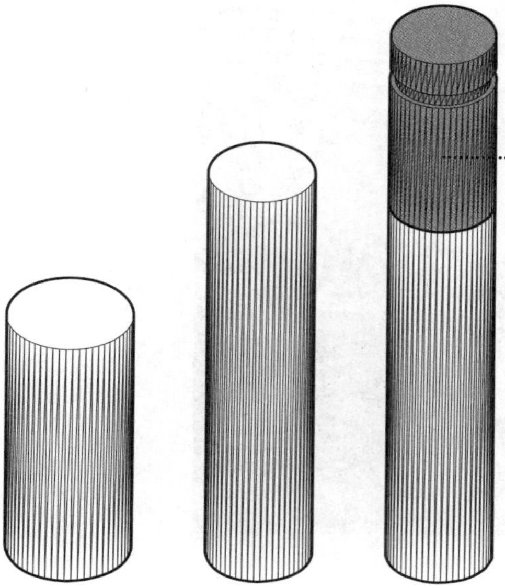

合和打赢官司之后，这部分可额外加建。

pic.4 原方案的地积比只有九倍，无论合和是又高又瘦，还是又矮又肥，都不能成为摩天大厦。

变得毫无意义，也无法做出任何规范。最终发展商胜诉，不只能改变该地皮用途，也改变了地积比（Plot ratio）。

地积比与地盘面积（Site Area）相乘便等于每块土地的最高总建筑面积，合和中心这块地皮若是作住宅用地的话，地积比只有九倍，但若是办公楼的话地积比可有十五倍，建筑面积便大幅增加至七万四千平方米。如这土地建成办公楼，发展商便比原本多了约百分之四十的额外建筑面积作出售之用。因此，合和中心成为当时全港最高的大厦，其商业价值亦得以提升。这单官司促使政府修改有关条文，赋予分区计划大纲图附件法律效力，以防再引发类似的诉讼 *pic.4*。

地尽其“利”：太古广场

香港土地昂贵，其发展模式当然是要地尽其利，但香港建筑界有一个奇怪现象——“豁免面积”。根据香港地皮发展规范，每一个发展项目都有建筑面积规定，但建筑面积并不包括地库停车场、机房、窗台、环保露台、工作平台等。因此，香港的发展商自然

pic.5 太古广场法院道的两间酒店入口被定义为首层入口。

pic.6 太古广场整个发展项目包括三座酒店、一座商业大厦。

pic.7 位于金钟道的太古广场入口被定义为地库入口，商场被定义为地库。

精打细算地用尽每一寸建筑面积和豁免面积，而当中最经典的例子就是金钟太古广场。

太古广场原为域多利兵房，重建时，可容许的发展面积为四十万平方米〔*〕，地积比十五倍，但是整个太古广场项目包括商场、香港JW万豪酒店、港岛香格里拉大酒店、香港港丽酒店及商业大厦等，总建筑面积达四十二万平方米，额外多了两万平方米建筑面积。这些额外的面积如何得来？原来在酒店项目中如卸货区、洗衣房、后勤室、员工休息室等地方是不用计算建筑面积的，所以酒店项目的总建造面积（Construction Floor Area）往往都会比建筑面积（Gross Floor Area）为高，住宅和商厦都有类似的豁免情况。

〔*〕资料来源：太古股份有限公司年报。

不过关键就在于太古广场对主入口的定义。太古广场依山而建，当时的建筑法例容许酒店地库面积不用计算入建筑面积之内，所以当时发展商便利用这漏洞，把法院道的一边入口定义为首层 ***pic.5***，而把整个太古广场当成地库 ***pic.6、7***。因此，整个太古广场当中的四万七千平方米的面积都变成豁免面积，但实际上太古广场的三层商场连地库停车场的面积达六万六千平方米。发展商因此赚了大钱，

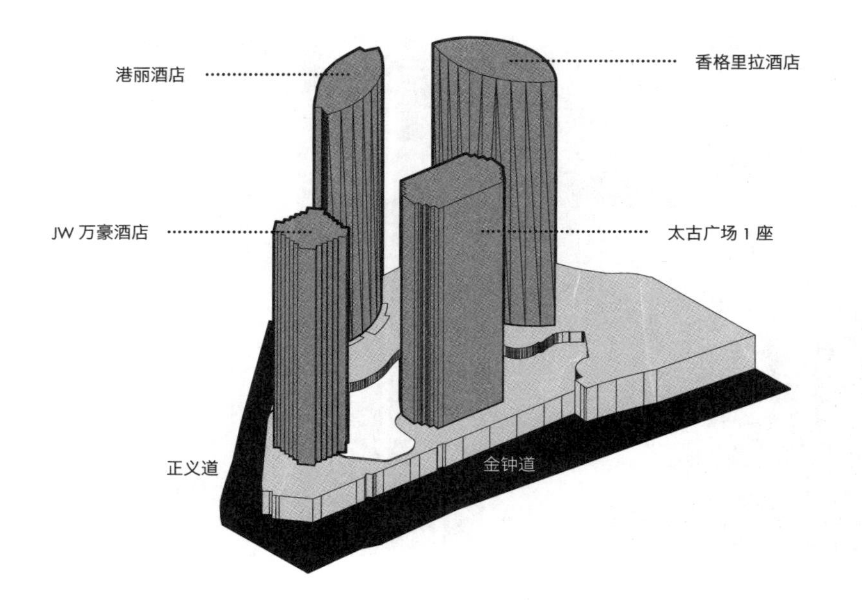

pic.8 太古广场商场部分被定义为地库，故这部分的建筑面积可全部豁免，发展商变相多赚了整个商场的可发展面积。

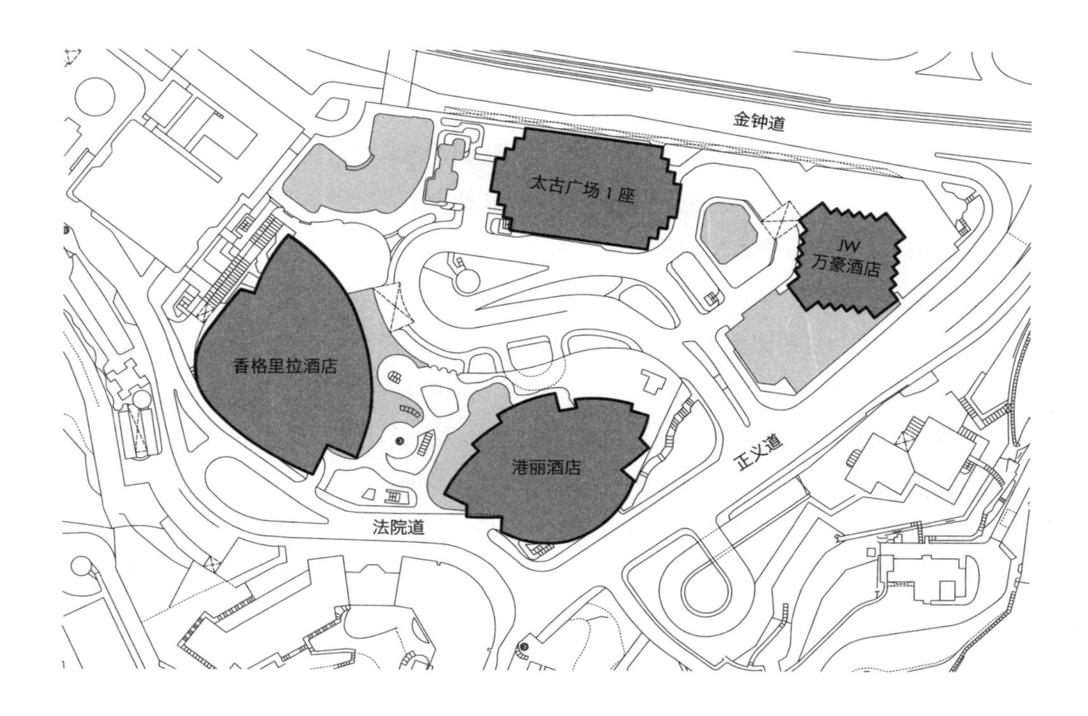

pic.9 海港城入口的"U"形空间，设计师原意为疏导人流及增加空间感，却不幸因此而惹上官司。

亦可以解释为何港岛香格里拉大酒店和香港港丽酒店可以建得如此高，整个建筑群会如此巨大 *pic.8*。

令人遗憾的建筑界官司

香港亦曾经因为建筑师没有尽用土地而出现诉讼。尖沙咀海港城的发展商九龙仓集团控告负责该项目的建筑师甘洺（Eric Cumine，1905—2002）没有用尽可发展的面积令他们蒙受损失。在八十年代，甘洺设计海港城时，把广东道一边的数个入口预留了"U"字形的空间，为的是在商场次入口提供休憩用地和缓冲区域，并增加次入口的空间感 *pic.9*。

不过，九龙仓集团认为这样的设计没有尽用可建筑面积，决定向甘洺追讨赔偿，展开了这场历时近十二年的官司。甘洺一方败诉且不断上诉，直至英国枢密院终审才上诉得直。不过遗憾的是甘洺所创办的建筑师行 Eric Cumine Associates（甘洺建筑师事务所有限公司）亦因这官司而结业，甘洺亦在这官司最终宣判之前过世。可惜一位曾设计广华医院、赞育医院和北角村的建筑师，至死的一刻仍然官司缠身。这宗经历近十二年的官司，不但为甘洺本人带来震撼，还为香港建筑界带来很多新的想法，并重新了解在法理上如何定义"专业失当"。这场官司所带来的震撼与遗憾将永远留在香港建筑史里。

國際廣場購物中心
i SQUARE Shopping Centre
i SQUARE Shopping Centre
國際廣場購物中心
周大福
周大福
周大福
FRANCK MULLER
FRANCK MULLER
FRANCK MULLER

CHAPTER 4

4.2 垂直购物的人流设计

apm

iSQUARE 国际广场

MegaBox

记得二〇〇七年在伦敦工作时，曾向英国同事介绍香港的iSQUARE国际广场，英国同事都很好奇，一座三十一层高的购物中心是否可行？在英国一般的商场都是三至四层高，因为一般顾客都不愿意在商场内步行超过三层，所以绝大部分的商场都只有两层高，顶多是在店内多一个夹层，所以才有第三或四层。

由于香港的春、夏天都很湿热，市民都会选择留在有冷气的商场内。而香港人口密集，地价高，大型优质地皮不多，而且多数用于回报率更高的商厦或高级住宅，因此有垂直发展的商业空间是很正常。

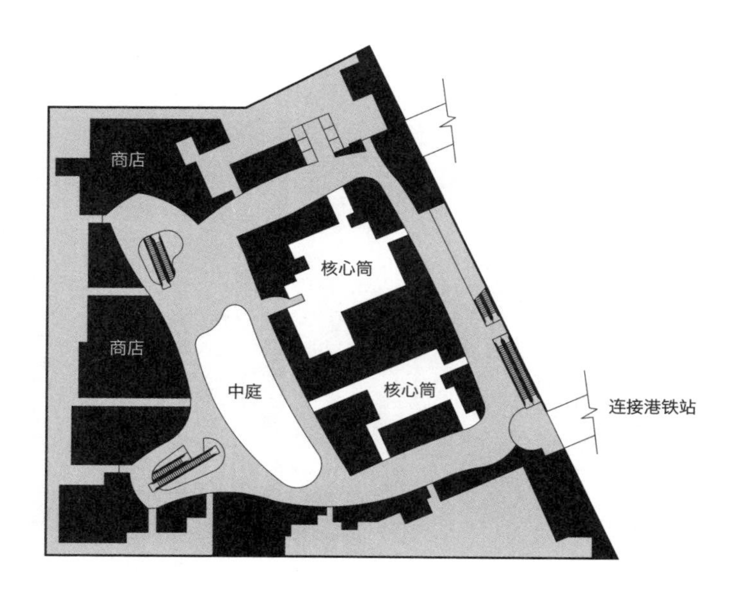

pic.1 核心筒为创纪之城第五期的东亚银行中心，商店围绕在核心筒四周。旁边中庭也被商店环绕。

商场人流设计的奥妙

apm 可以说是香港商场界的奇迹，位处人流密集的工厂区核心，四周被密麻麻的工厦包围，没有豪华住宅，只有平民住宅。当年商场设计构想是采用“蓝海”战术，就是由于四周没有同类的商场，才要在这里打开一个新市场。apm 的发展商新鸿基同时在附近兴建数个商厦项目，把这一带发展成商业区。

apm 整个设计重点是在商厦核心筒（创纪之城五期东亚银行中心）旁边设立一个七层楼高的中庭，一层层的商铺围绕着这个中庭，中庭设有两条双层高的扶手电梯，在中庭的两旁则设有单层的扶手电梯和直梯作辅助，因此人流路线非常清晰 *pic.1*。而重要的是这个七层高的中庭成为了香港新的活动推广热点，无论是世界杯决赛、电影发布会、时装表演，甚至外国歌手来这里举行的小型签唱会。由于空间充足，而且管理公司锐意创新，所以成为推广活动的热点。而这商场亦是该集团旗下最赚钱的商场之一。

（右页）apm 中庭加建两条双层楼高的扶手电梯，有效带动人流往上层。

PALACE apm
chic more
trendy more
beauty more
COMING SOON
shop more
apm
i.t

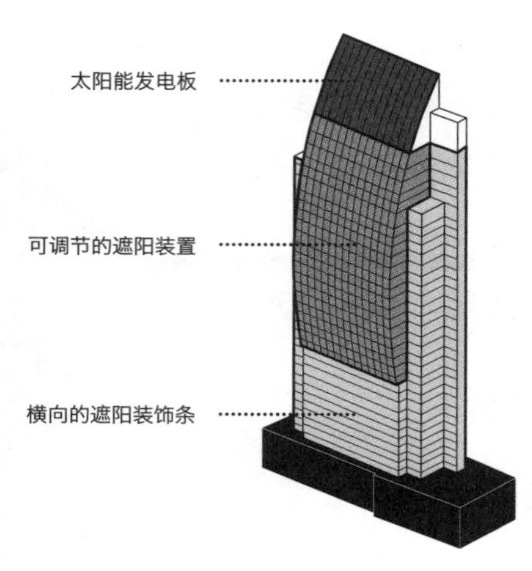

pic.2 由于北京道一号所处地段空旷，阳光充沛，因此设计师针对这特点做了相应的设计。

iSQUARE 国际广场同样考虑以跨层扶手电梯来推动人流，但效果却不甚理想。iSQUARE 前身是凯悦酒店，位处弥敦道核心商业区，四周被高楼包围。酒店不能提供优质景观的房间，且受地盘面积限制不能提供大型宴会厅，再加上酒店的营运成本高昂，因此决定拆卸重建。虽然发展商曾考虑作商业大厦发展，但商厦层数多，所需要的电梯数目不能少，因此降低了每层的实用面积，不合乎商业原则，最后决定把这地皮发展成为商场。最初概念是借镜尖沙咀北京道一号 *pic.2*。北京道一号原设计为商业大厦格局，只在电梯大堂一带设立少量商店，并把电梯设在北京道的一边，整个商用空间都享有维港景色，也因此吸引了不少高级餐厅进驻，成为香港名人、雅皮士聚餐之地。

iSQUARE 的规划就是一个十层高的地面商场再加上 IMAX 电影院和十多层享有维港景色的餐厅，地库连接地铁站，与首层商场接合了弥敦道的主要人流，按此商业布局应该可以吸引不少租户垂青。

不过，问题就在人流设计上，早期设计时曾考虑如 The ONE

pic.3 由于 iSQUARE 的面积不大，双层及单层扶手电梯路线不清晰，令顾客感到混乱。

商场般每层设有扶手电梯，并以直梯辅助垂直人流输送。但是 iSQUARE 需要十多部直梯才能满足需求。直梯的造价和维修费不少，而且占用商业空间颇多，最大问题是直梯只能将顾客带至特定的一层并不能把整个商场都带旺 *pic.3*。所以最后也选择以双层扶手电梯来取代四至五部直梯。当时 iSQUARE 希望以 apm 的成功经验，再次以双层高的扶手电梯来带旺商场。然而由于高层楼面面积减少，双层楼高及单层楼高扶手电梯的循环路线互相重复，反而使人感到混乱。特别是在 LB 层的顾客很容易会误乘特长扶手电梯直达地库，而错过北京道的出口。

海景停车场

类似情况也发生在 MegaBox，特别是位于四楼的 IKEA 宜家家居。前往四楼的顾客大部分都会选择搭乘四层楼高的特长扶手电梯直达第五层中庭 *pic.4*，然后再搭乘单层扶手电梯回到第四层，之后再到其他层数参观，因此人流路线又上又

—Classic
買一送一
—US Cotton
7折
Tel: 2723 3009
Shop L5-1

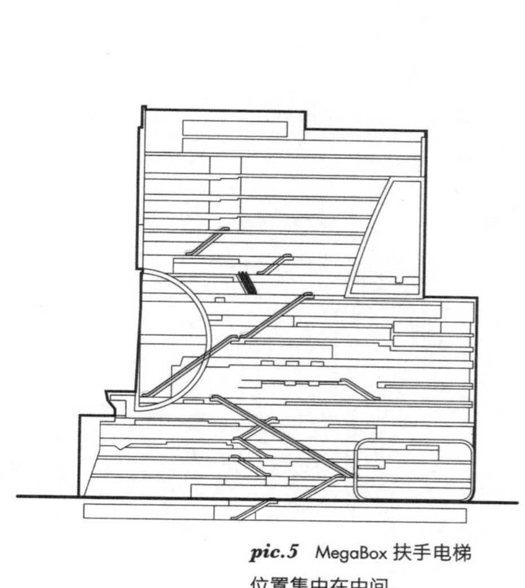

pic.5 MegaBox 扶手电梯位置集中在中间。

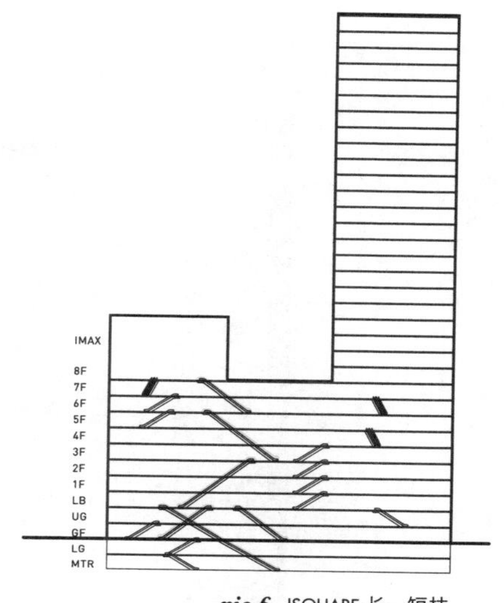

pic.6 ISQUARE 长、短扶手电梯距离太近，人流混乱。

落，变得复杂。从 apm、iSQUARE、MegaBox 的例子来看，双层或多层扶手电梯确实可以方便快捷地带动人流至高层，但是与单层扶手电梯的连接与距离和主力店的位置则是关键所在，否则会使单层和双层的循环重复，不但不能提高人流效率，反而扰乱了人流路线 *pic.5、6*。

MegaBox 分为商场和办公楼两部分，这里虽然不近港铁站，但是总算是临海地皮，景观不错。奇怪的是停车场不只是设于地库，也位于商场的顶部和向海的一边。这商场的停车位设在地库、三楼、四楼、七至十一楼和十六至十八楼，若按正常使用情况来计算，二至三层的地库空间便能提供足够的停车位置，但是由于整个商场专为大型家具店而规划，让顾客可以直接把家具送至同层的停车场，所以宁愿牺牲海景面积也要设立超高层的停车场。

这地段距离主要的人流路线很远，所以必须依靠一些大型的旗舰店作招徕，开业初期引入英国的大型 DIY 店 B&Q 作为主力店，但是很少香港人会自己动手去装修家居，因此很快便被 IKEA 取代。不过无论停车场位置设计得再好还是未能物尽其用，因为香港的送货服务实在太便宜和方便，顾客情愿使用送货服务也绝少自己动手搬运。

pic.4（左页）MegaBox 同样用四层楼高的扶手电梯将人流带至商场的主力店。

4.3 设计商场格调

圆方

商场设计表面上似乎只是一条通道和两旁加一些商店，再加入推广空间便成。但其实商场设计的学问很多，而且很复杂。

商场面积不会出售，由发展商长期拥有，因此他们十分注重商场设计及其面积实用率，实用面积的多少会直接影响发展商的回报期，一般香港商场的回报期为七年。所以很多商场在初期设计时，租务部的人员已经参与讨论，并且对租金收入有预算。发展商当然希望尽量增加实用空间，但是商场的档次往往就取决于商场走廊的空间感，所以发展商需要在面积与档次之间作出取舍。

商场招租策略

一个成功的商场会严格筛选进驻旗下的商店。商场除了租金之外，还能得到一部分商店收入的分红，因此大型商场多数只会招徕一些长期合作的商店，因为这些商店的经营模式已经成熟，有长久的营运记录，收入有保证。所以无论在香港还是外国，各大型商场都有类同的连锁店作为主力租户，结果便出现近年常见的“倒模商场”。

除了租值之外，商店的档次也决定了商场的档次。假若商场定位高的话，人流自然减少，而高消费的顾客群不会希望在狭窄的空间内购物，他们花得起钱同时希望享受舒适的购物环境。但若商场走平民化路线，就自然需要提高人流量，以薄利多销的手法营运。为了统一商场的购物格调，商场都会尽量选择同一级别的商户，因为万一个别商户超出预定的档次便会很难生存，同时影响了商场的收入。发展商会定期检定个别商户的营运情况，发现有经营不善者，便会被要求离场；相反大收旺场的商户会得到发展商厚爱，不惜工本将这些商户留下来。而发展商不会个别出售商铺，以方便统一管理。

金钱世界的艺术

商场的规划主要在于商店的组合和档次，一个商场假若能提供多元化服务，便容易留住客户。所以，一些较小的商场会联结附近的商场，务求互补不足。另外，商店档次除了能营造商场的形象之外，还直接影响产品价格和租金收入。高档次的服务以气派和格调为重，商场人流较少，但贵精不贵多。相反平民化的商店则以薄利多销的模式经营，因此商场经常人山人海，才能旺丁又旺财。

由于服务对象不同，所以高、中、低档的店铺很少会混合在一起，而一些大品牌更会选择与同级数的商店为邻。最理想的规划是连带服务，比如电子商铺附近便是男性服装店，女装店相邻是理发店或化妆品店，这样便能有效地造成连带效应。

一些大型商场便多数以区来划分相关或有连带关系的店铺。以圆方为例，当初的规划是“水”（Water Zone）以家居用品为

pic.1 圆方以“木”地板作识别的“木”区较接近港铁站，此区以售卖流行服饰为主。

pic.2 圆方“金”区以售卖名表饰物为主，原设计是铺设带“金”色的地砖，后因砖材问题无法如愿。商场内随处可见供休息的公共座椅，其他商场较少见。

主，服务楼上的住宅；“土”（Earth Zone）和“木”（Wood Zone）[pic.1] 连接港铁站、跨境巴士站、酒店和办公楼，此区的店铺则为大众化餐厅和潮流商店；“金”（Metal Zone）由于是位处环球贸易广场底部，所以是高级名店区 [pic.2]；“火”（Fire Zone）则自成一国，是电影院和溜冰场 [pic.3]。

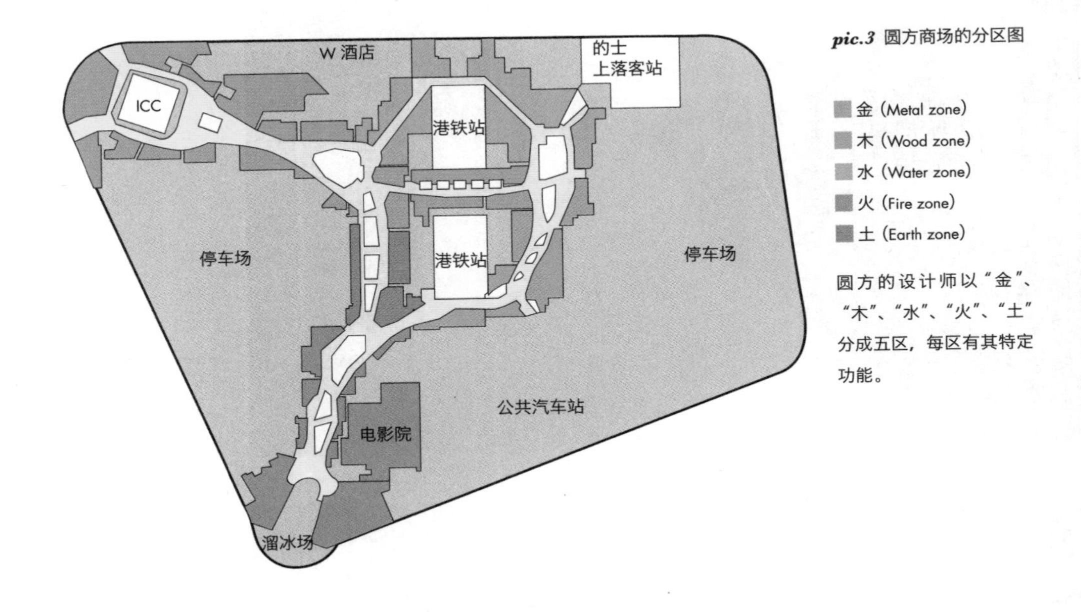

pic.3 圆方商场的分区图

圆方的设计师以“金”、“木”、“水”、“火”、“土”分成五区，每区有其特定功能。

“火”区离港铁站和主要人流路线较远，因此以电影院和溜冰场等大型主题空间来带动人流。香港电影院的租金以座位数目来计算，并非以占地面积来计算，所以香港电影院都尽量减少大堂及走道空间，以增加座位数目。除非该商场的面积大，又或者发展商锐意增添多些娱乐元素，否则香港闹市中的电影院会愈来愈少。

隐藏了的复杂性

办公楼同样以出租模式经营，但就不像商场般在管理上需要作多方面考量。原因是办公楼的租户类型较为统一，且极少作大规模的装修，更少会自己更改结构。但商场就不同，商店的布局会随着潮流、租值回报有所更改，例如昔日的大型中式酒楼、保龄球场和大型戏院都是商场必备元素，现在取而代之的是一系列的特色食肆和名牌商店。因此，商场不单在商店位置上会作更改，甚至连商场走廊、结构柱和梁、中庭，甚至外立面都会被随时更改。发展商有时亦会受制于大租户，为迎合大租户的需求而修改设计方案，如旺角朗豪坊的H&M位置原本是商场的主入口，但当H&M进驻该处后，便封了主入口，变成该店的一部分。

就算是正常的情况下，商铺改动也始终是避免不了的事情。商店变餐厅、餐厅变商店确实常见。由餐厅转商店的问题较少，但若由商店变为餐厅问题就较多。餐厅需要煤气或燃气，而商场一般都未必会为每间商铺提供煤气或燃气，所以如果要后加这些喉管，就要穿过现有租户的店铺空间，无论在安装、维修和安全上都会出现很多问题。另外，餐厅必须连接食水和污水管，食水连接食水箱，污水管便要连接隔油池。食水箱设在屋顶，而隔油池设在地库，每层的餐厅及洗手间位置都需要铺设横向管道，假若餐厅的数目有变，便需要重新检视水管的网络。

再者，根据法例每间餐厅都需配置一定比例的洗手间数目，就如观塘apm商场，原先的设计只预计约有百分之三十商业面积是餐厅，但招租后餐厅的总面积曾增加至百分之七十，虽然在商场设计上可即时增加洗手间数目，但食水和污水管道的接驳就十分头痛，需要一边施工一边修改。

商场设计最大的难题就是个别大租户毫不留情地修改建筑师原有的设计，而建筑师则必须确保能准时完工，并同时能满足大租户的修改要求。一个出色的商场设计师需要能够考虑将来的情况，容许商场在未来作出修改。

地砖选材的学问

虽然商场的建筑材料因应建筑师的设计和建筑预算来作考虑，但当中学问非常多。以圆方为例，地板使用再造石，单是挑选这部分的材料便用了三年时间，实际工作超过两百五十日。为何发展商和建筑师会花如此庞大的精力来处理这一部分的工作?

商场用的再造石分Marble Base和Epoxy Base两种。Marble Base成分大约百分之八十是云石，百分之二十为化学聚合物，这

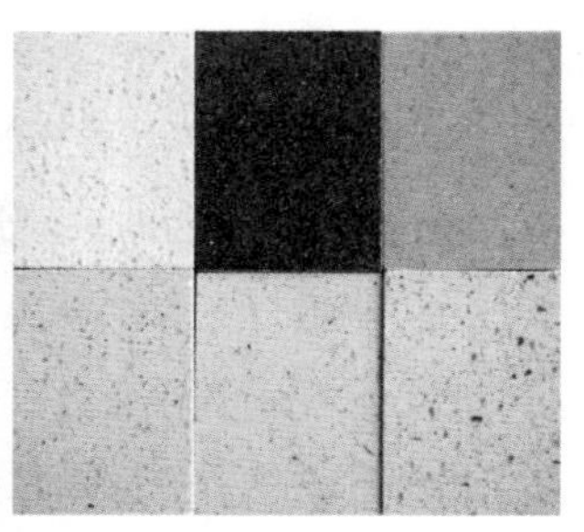

Marble Base

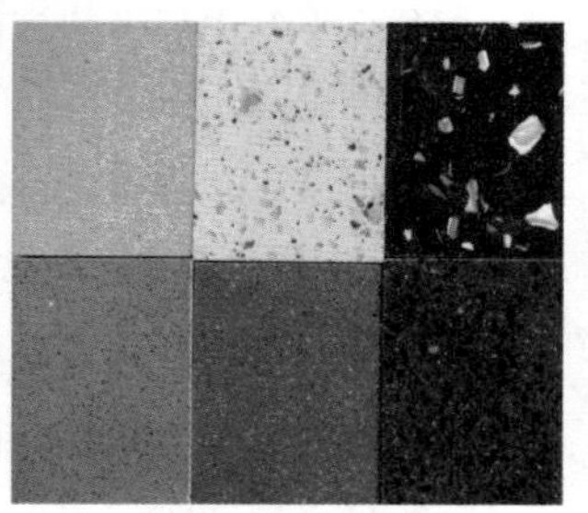

Epoxy Base

种石基本上和天然云石没有太大分别，但硬度比较高，颜色选择较多。最重要的是其表面已做了光面处理，不像天然云石般需要经常打蜡。再者 Marble Base 通常都会用二十五毫米厚，万一表面有不能清洗的污渍，可以用磨机把表层磨掉再打蜡便可。Epoxy Base 则刚好相反，其成分大约百分之二十是云石，百分之八十为化学聚合物，硬度更加高而且颜色的选择更多样化。而 Epoxy Base 的主要成分为化学聚合物，所以吸水程度不高，易于清洁，石的厚度亦较薄，可以减轻成本，但就是由于硬度高，不能用磨机磨掉表面的污渍。

pic.4 圆方“水”区的原设计是深蓝色及浅蓝色，但由于使用 Marble Base 砖，故改用黑、白色。

由于 Marble Base 和 Epoxy Base 两种石材的特性刚好相反，因此成为业主的大难题。在地砖选择时便出现颜色与维修风险上的对决，最后圆方以维修方便为优先考虑，选用了 Marble Base 的再造石，而商场地砖的设计便需要放弃原方案鲜艳的颜色。特别是“水”区的地板原是海蓝和天蓝为主调则改为黑与白 *pic.4*；“金”区的金色石最后亦改为咖、黄色为主调，成了设计上的遗憾。

五星级的洗手间

圆方所处的地区为新发展区，四周配套尚未完善，除平台上的屋苑之外，其他住宅离圆方尚有一段距离，因此预计这商场的主要顾客是在附近上班的白领，其次是附近的居民。再加上附近仍有另一商场奥海城一、二期及弥敦道一带的传统购物区，发展商于是决定把圆方定为高档次商场。在二〇〇三年“非典”后，在香港兴建一个九万平方米的五星级商场确实是一个高风险的决定。因此在设计初期，发展商特别着重室内的配套空间，例如洗手间、停车场等，希望在细节上下苦功，吸引高消费力、高要求的顾客。

当设计圆方时，发展商已考虑到男女洗手间的使用比率及使用时间有差别，所以在男女洗手间外设置座位以作为等候区。另外，也在商场通道中设置公众座位，让顾客可稍作休息及等候。大部分商场的发展商都会尽量减少商场内的公众座位，间接强迫顾客到餐厅或咖啡厅处消费。不过，圆方决心走高档路线，在每一区设置配合该区主题的公众座位，为了使座位旁的空间可用鲜花植物做装饰，在防水方面也下了不少功夫。在花槽底设有防水涂料，并为花槽四周的混凝土喷上防水喷料实行双层防水；而部分大型的花槽更设有排水位，以策万全。商场为了腾出这些公共空间，减少了小卖店及推广区的面积，并且尽量将阳光引进室内，营造高雅的空间感。

设计上的遗憾

设计这个大平台建筑，最大问题就是消防排烟的安排。由于圆方的四周是私人停车场，业权不同，不能将排烟系统设计在商场四周。而商场平台上是多座高层住宅，浓烟更不可能直接向上排出，否则火警时的高温烟会危及住户。

若以一般的设计方案，商场走廊的吊顶多数是布满了空调和消防排烟风管，但是圆方的设计则是在商场走廊上布满天窗 *pic.5*，让阳光能射进室内，但这同时减少了排烟风管的面积和排烟管道可选

pic.6 圆方由于商场走道设有天窗，用以安装排烟管道的空间不多，需要借用店铺顶的空间。

pic.5 圆方此处原设计为全清玻璃天窗，但由于结构安全上的考虑及夏天日照时过于吸热而放弃。

pic.7 圆方店铺安置百叶，火警时将浓烟抽入店铺内，并经由店铺顶的排烟风管排走。

pic.8 圆方商场走廊的天窗玻璃在火警时会自动弹开，排走局部浓烟。

择的位置，所以消防排烟的问题变得异常复杂。尽管尽用吊顶面积能安装不少排烟管道，但是数量仍然不足。于是只能在店铺内加置百叶，借用店内的天花板来安置排烟抽风系统 *pic.6*，但又不能占用店铺太大面积，于是设计采用“U”形百叶。而走廊上的天窗大部分也可以在火灾时自动弹开，让浓烟得以局部疏散 *pic.7、8*。但天窗会因而容易入水，而玻璃胶亦容易老化。

CHAPTER 4

4.4
商场改变
地区面貌

时代广场

朗豪坊

无论建筑学也好，经济学也好，都有涟漪效应，一座建筑物的出现不只改变了该地本身的空间，甚至也改变了建筑周边的小区面貌。

时代广场和朗豪坊虽然只是一个以商场为主的综合发展项目，但是这两座建筑物改变了一个小区的人流和商业结构的组合，更改变了整个区域的市场定位。

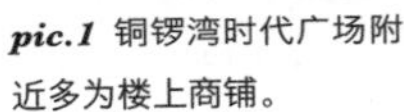

pic.1 铜锣湾时代广场附近多为楼上商铺。

pic.2 商场外的广场在地契中列为公共空间，但管理权属发展商。

区内元素的转变

铜锣湾时代广场原为电车厂，四周的商店原与湾仔鹅颈桥一带的商铺类同，甚至可以说是街市的延续。但随着时代广场带动大量人流的关系，四周的商店都由街坊生意为主的店铺改为潮流商店，更因内地游客的关系，令这一区的店铺变为“天价铺皇”，一众数十年老字号，甚至连锁经营的 UA 戏院都被国际大品牌取替。

由于这区的街铺一直有价有市，因此亦衍生了楼上铺的出现。因为很多在这区立足数十年的小商铺都不能承受地铺的天价租金，只好纷纷向上发展，转租楼上铺，以较低廉的租金来维持。波斯富街一带的唐楼，在这二十年间变成清一色“楼上铺”*pic.1*。时代广场一带由一个街边小店为主的商业区变为国际品牌集中地，全因大型公共空间的出现引来大量人流而导致沿街的店铺价值跃升，并永久地改变了这小区的面貌 *pic.2*。

时代广场无疑非常成功，但为何发展商愿意牺牲数百平方米的街铺面积换来一个露天广场？机关算尽的发展商当然是因为地契列明必须要提供特定面积的公共空间，才如此牺牲大面积的街铺建造这个广场。这广场属公众地方，但管理权则属发展商，因此时代广场开业十多年来都以收取租金形式将广场租给公众举办活动或展览。当传媒揭发此事后，随即引来社会哗然，认为政府容许发展商滥用公共空间以谋取利益。

时代广场属于第一代超过十层楼高的商场。地库二楼至九楼是购物中心，十至十四楼是食肆，地库虽然连接铜锣湾港铁站，但是要尽量吸引人流往上层消费，于是在规划上以首三层的大型百货店和美食广场来连接地库及三楼以上的店铺。再加上高层以食肆人流来带旺整个商场。不过，由于商场层数过多，顾客只依靠直梯和单层扶手电梯穿梭不同层数，始终不够畅顺，直至加建了两条双层扶手电梯才得以改善 *pic.3*。而八层楼高的中庭没有自然光，欠缺温暖感。可能由于长年没有阳光，因此有人说时代广场的中庭阳气不足，也曾发生过跳楼事件，所以管理公司在七楼和八楼处都特别将栏杆加高，以保障顾客安全。

pic.3 近年时代广场内加建两层高扶手电梯，有效带动人流。

消费群的转变

无论在香港还是外国，甲级商厦和五星级酒店通常坐拥无敌海景，位处优质地段，但是旺角的朗豪坊，则位于香港最著名的声色地——砵兰街。砵兰街主要的建筑群都是以旧式唐楼为主，绝大部分的街铺都是售卖建筑材料和建筑工具，这些店铺晚上不营业，到晚上六七点后便会变得相当清静，而“大门常开”的唐楼便吸引了“色情架步”（色情场所），在硬件和软件相互配合之下，砵兰街成为香港有名的声色地。

这一带人品杂乱，是警方重点关注的目标，不过一座新商场和酒店的落成便扭转这里的生态，并成为旺角全新的地标。朗豪坊连地库在内包括十五层高商场、五十九层高商厦和四十二层高的五星级酒店，整个项目分两个地皮发展。位于上海街一边的地皮由于面积又长又窄，而且没有与亚皆老街相连，于是用作酒店。一般酒店

pic.4 砵兰街白天是建材街，夜晚是风月地。

标准房大约阔四点五米，长九点五米，房间可以横向平行布置，确保每间房的景观相若，因为景观的好坏就直接影响该房间的价值。相反商厦则不一定需要每个房间都要好的景观。由于功能不同，因此酒店大多可选择长方形的户型（Slab Block），而商厦则多数是正方形的户型（Point Block）。另一块与亚皆老街相连的地皮较接近旺角港铁站，便选择用作商厦和商场发展。

朗豪坊建成后，随即令这个黑暗的商业区变得热闹起来。白天，原本以装修师傅为主的街道顿时多了白领丽人；晚上，街角的风尘女子亦换了潮男潮女或来宴饮的人。短短数月内，这条特“色”街道便开始变色 ***pic.4***。

时代广场和朗豪坊都因带动大量人流为该区带来新的商机，从而改变了该区的面貌。这两个大型项目同样拥有一座超过十层楼高的大型商场，朗豪坊属于新型商场，不是采用简单易理解的人流路线规划，而且所处地皮也不及时代广场般广阔，所以不适合建立巨型中

pic.5（右页）朗豪坊空中庭园的四层高扶手电梯将顾客由四楼带上八楼。

萬事勝意

pic.6

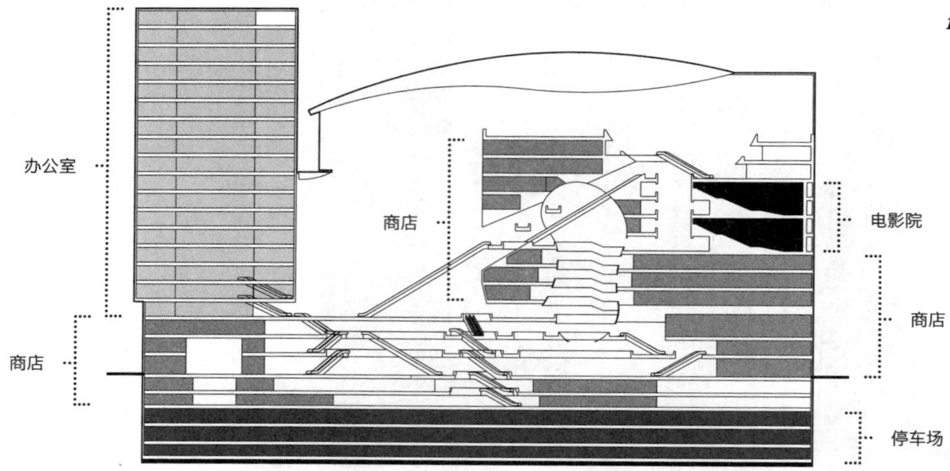

办公室
商店
电影院
商店
商店
停车场

庭。建筑师选择在四楼设立一个九层楼高的空中庭园（Sky Garden），这个空中庭园由一组双层扶手电梯及两组单层扶手电梯连接首层，然后由两组四层高的超巨型扶手电梯把人流带至十二楼 *pic.5*，再由螺旋形的斜坡把人流由十二楼带回八楼 *pic.6*。

这样的建筑模式仿似旺角常见的垂直式小型商场，与城中其他以连锁店为主的商场格局不同，商场高层因此进驻了不少富有地区色彩的独立小店，带出不同的购物体验。这个设计概念虽然可行，但是在十二楼至五楼之间的小商店没有单层扶手电梯连接，不少顾客因此搭扶手电梯直上十二楼 *pic.7*，然后沿楼梯步行至下层，形成单一人流方向，颇为不便。这个设计亦使朗豪坊的实用率低于标准的百分之六十，是香港少数为了忠于设计理念而宁愿牺牲实用率的商场。

pic.7 （右页）朗豪坊另一条四层高扶手电梯由八楼直达十二楼，各层间只有螺旋形斜坡，大部分人只选择单一方向向下行。

11
11
10

CHAPTER 5

建筑
+
空间环境
SPACE
&
ENVIRONMENT

CHAPTER 5

5.1
阴阳调和

钻石山火葬场

死亡一向是中国人的禁忌，而长生店（棺材铺）、灵堂、坟场在都市里更是被人刻意忽略，任谁也不愿住在坟场附近或能望见坟场的地方。这是风水学上的“阴阳相隔”。

由于人口结构的变化，港人对于死葬需求愈来愈多，但无奈各区议会和业主立案法团都强烈反对政府扩建或新建墓地，因而令香港公众墓地严重不足，极端的例子是一些先人离世了三至五年仍未能安葬。钻石山火葬场和灵灰阁的扩建是香港近年来少数的公众墓地工程。

钻石山火葬场是政府墓地，这里的建筑规划和设计都必要面对附近居民的反对声音。钻石山在数十年前已建立一个大型的坟场，这新建部分的南、西、北五百米范围内便有八所学校和七个屋村，而最近的民居和学校离此处只有约两百米。因此首要的设计任务并不是处理火葬场内的功能，而是四周居民对这敏感建筑物的观感，因为使用这建筑物的人已经不会再投诉，反而是四周的居民可能有不满。

pic.1 圆形中庭连接火化厅及礼堂，并直接通往停车场。

用绿化来减低正面冲击

要解决问题首先要定义问题所在，居民忌讳墓地的原因是先祖的墓碑、遗照等触动了生人的感觉，而且出入墓地的人大都是悲伤的亲友，这情景确会为居民带来负面情绪。再者，政府墓地没有宗教立场，不同宗教的葬礼仪式都会在此举行，佛教或道教的葬礼中烧纸的仪式造成空气污染，而遗体火化更加使区内空气受到污染。

为了解决以上问题，建筑师作了数个针对性的处理。为减低市民对墓地的抗拒，在规划上就尽量避免葬礼活动与市民日常生活接触的机会，因此灵堂设在整座建筑较深入的位置，各类仪式都在室内进行，市民在主要的街道或周围的高楼中都不会看到灵堂的活动，这确实是有别于香港市区内一般殡仪馆半开放式的大堂。另外，灵车亦只会停留在地库停车场 ***pic.1、2***，因此灵柩和穿丧服的亲友都减少了在露天活动的时间，减少了对四周居民造成视觉上的冲击，同时亦增加了对送殡人士的私隐。

而最接近民居和大街的新建骨灰龛大楼也作了特别处理。首先是把整座大楼的座向略为向西移，务求令所有的灵位都不会正面向着周围的大厦。若从西边的几所学校和大街望向这骨灰龛大楼，都只会看到大厦的走廊和通道，不会直望先人的灵位。

pic.2 图中正中为停车场入口，亲友完成仪式后可直接乘车离开，不必经过民居。

pic.3 从高处看钻石山火葬场四座礼堂天台都有绿色植被，与附近山景相融合。

为了进一步降低本区居民对火葬场的不安感，建筑师在火葬场和骨灰龛大楼的外观上都作了大量的绿化处理，例如在骨灰龛大楼的走廊旁设置花槽，花槽内种了不少藤类植物，令本来灰灰暗暗的外观变得柔和 *pic.3*。另外，在各灵堂的顶部和出入口四周都有大量绿化面积，附近居民从高层看到的火葬场其实都是一大片绿化空间。最重要的是火葬场的园林景色与东边的自然山景连成一片，成为了小区内的核心绿化区 *pic.4*。整座火葬场变得平易近人，这不单减少了附近居民对火葬场的负面感觉，反而令人误认为这是一个公园而多于是一座火葬场。

让最讨厌的变成最具特色的

火葬场中最刺激感观的应该是火葬场的烟囱。烟囱的外观往往有如“三枝香”或“顶心杉”般向着附近民居，而且火化遗体时必定产生异味，因此烟囱一直都是令人讨厌的东西。建筑师刻意把烟囱美化成钟楼一样的小建筑，完全不像常见的烟囱，而且它置于四个礼堂的中轴线上，这与四个礼堂之间的中庭连成一线，点缀了整个建筑群 *pic.5、6*。至于异味的问题，由于烟囱的高度离地约八至九米高，所以当夏、冬两季吹西南风和东北风时都不会严重影响四周的居民，再加上排出的气体经过处理，在与四周的树木进行光合作用下，也解决了这个问题。

虽然大家都知道生老病死是人生必经阶段，墓地和火葬场亦是都市中不能缺少的建筑物，但多数人的想法都是可避则避。因此，这建筑物通过设计上的考虑，在极度密集的香港住屋环境下，使居民、先人和亡者家属都得到应得的尊重。再加上利用了大规模的绿化来降低市民对死亡的抗拒，并让绿化使这里变得平易近人，难怪这建筑物获得香港建筑师学会的大奖（HKIA Award）。

pic.4 骨灰龛大楼外有花槽种植绿色藤蔓，令整座大楼的感觉变得平易近人。

pic.5 烟囱虽近民居但是外形上不像“三枝香”，容易使居民接受。

pic.6 钻石山火葬场的烟囱成为整个建筑群的特色。

5.2
都市与自然之间

香港湿地公园展览馆

香港看似是一个高密度发展的城市，大厦林立，人口密度极高，但其实所有的高度发展只集中在百分之三十的土地上，其余接近百分之七十的土地是山及绿地。香港位于季候鸟必经的路径上，每年季候鸟都会在夏、冬两季迁移南北两地，香港是它们重要的中转站，这里的湿地公园便是季候鸟觅食和栖息的地方，因此香港的湿地和郊野公园对生态循环十分重要。再加上，香港是世界上少数可以在三十分钟内由市区到达郊野公园和湿地公园的城市，所以不少外地的旅游书称香港拥有“城市中的绿洲”。

为了保护湿地环境及推广生态教育，香港政府在上世纪八十年代成立了米埔自然保护区，并交由世界自然基金会管理，但是自然保护区只限于预约团体参观，未能做到与民共享。因此在一九九八年前渔农署（现为渔农自然护理署）及前香港旅游协会（现更名为香港旅游发展局）研究在天水围的生态缓解区发展一个湿地公园，而不削弱其生态缓解功能，务求将该生态缓解区提升成一个集自然护理、教育及旅游用途于一身的世界级景点，并提供机会辟设以湿地功能及价值为主题的教育及消闲场地，供本地居民及海外游客使用。

pic.1 湿地公园的访客中心成为一条分界线，让自然生态与都市空间稍作分隔。

通过建筑了解自然

要在六十公顷面积内建立一个保育区并不困难，旨在如何平衡兼顾教学、旅游和保育几个项目，并通过建筑设计来向游客传递保育信息。湿地公园的规划其实很简单，以展览馆为主入口，通过鳄鱼池来到多样化的湿地，在公园的尽处是数个观鸟亭让游客可以远观湿地保护区内雀鸟的生活。

整个公园以三个层次规划，第一层是分隔湿地的展览馆，经过主入口之后便是主体建筑。主体建筑除了提供展览功能外，还是城市与湿地之间的媒介，为游客提供一个转换心情的空间，通过这座建筑物之后便进入湿地。横向型的主体建筑在水平线上将城市与湿地分隔开来，在湿地里除了几座高层大厦之外，再看不到其他城市的设施，让游客可以尽情陶醉在湿地之中。另外，在主入口设计上亦作了相应的处理，公园的主入口离主体建筑有一段距离，游客不能从公园主入口外看到湿地，进一步制造分隔湿地与城市的感觉 *pic.1、2、3*。

第二层是近看湿地，当进入主体建筑之后，便是两层高落地玻璃的中央大厅，让大厅与湿地连成一线。展览厅和演讲厅设在大厅的左右两边，经过大厅之后便是通往湿地的路。公园内设有不同大小的湿地，让不同的生物在此处生活，游客可以在湿地之间的小路径近看湿

pic.2 湿地公园访客中心的入口是一条分界线，通过访客中心便进入与都市分隔的大自然世界。

pic.3 访客中心大堂的落地玻璃将湿地风景提早引进游客的视线内。

地上的生态活动。路径上设有小屋作教学和推广活动，让游客可近距离学习及欣赏。湿地公园推行欣赏和尊重生态自然教育，所以小径上不设高围栏来阻隔参观者，有些路径甚至不设栏杆，而且路径上没有设置垃圾桶，要求游客把自己的垃圾带离湿地，不会破坏大自然。

第三个层次是远观湿地，在参观路线的尽头设有数座观鸟塔，让游客可以远观不同的季候鸟。因为都是野生鸟类，所以身上可能带有病菌，而且雀鸟多数害怕与人类有近距离接触，因此需要与人类有一定程

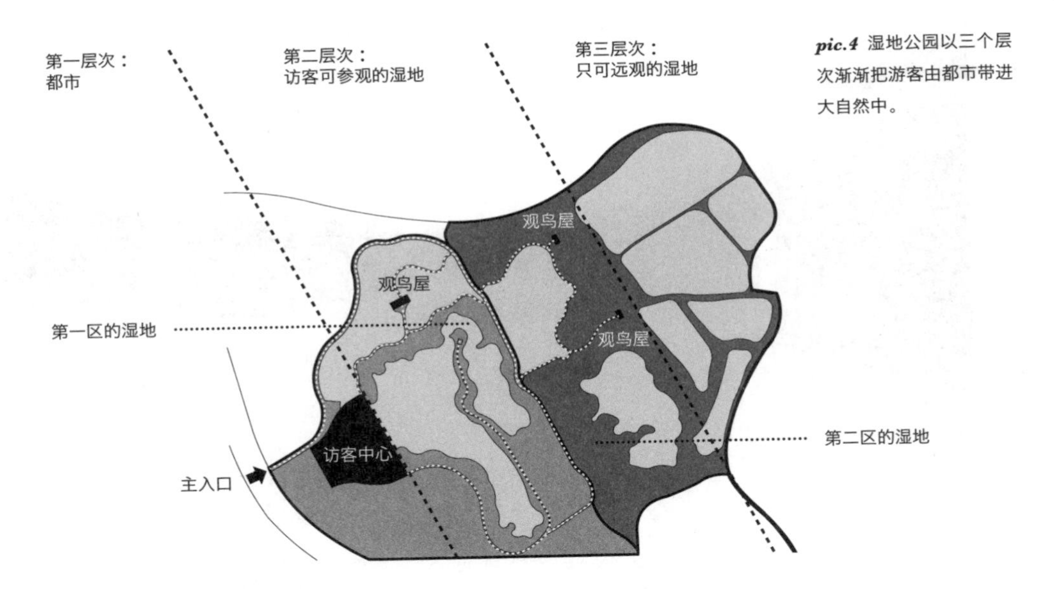

pic.4 湿地公园以三个层次渐渐把游客由都市带进大自然中。

度的分隔。这些观鸟屋便为游客提供合适的观鸟场所，不单分隔了游客与雀鸟，亦避免了因人数过多而惊动野生雀鸟 ***pic.4***。

融入自然的建筑

湿地公园的设计概念是融入大自然 ***pic.5***，所以除了以绿化屋顶来与大自然连成一线，大厅左右的两道大墙，由主入口的一边通过大厅并连接至湿地，这两道墙不单是结构的一部分，亦连接了城市和湿地。这两道墙能加强视觉上的效果，让游客的焦点集中在大厅前的湿地而不会被四周的事物影响。

主体建筑的结构都采用清水混凝土，让建筑材料的颜色真实地反映出来，务求以最简单的方式来表现建筑物的形态。最初以为混凝土与湿地重绿化的感觉会格格不入，而且一座庞大的灰灰黑黑建筑物会否破坏了湿地平和的感觉？不过，实际上却恰恰相反，由于湿地的花草树木颜色缤纷，灰黑的主体建筑变成背景，让湿地的自然颜色更为突出。而且主体建筑的颜色是横向式的，与天水围一带的高层建筑成为一个很大的对比，亦成为了参观者在湿地游览时的坐标，让他们知道湿地的出入口在哪里。

pic.5 湿地公园如都市中的一块净地。

湿地公园主体建筑的重点设计是希望游客可以缓步至屋顶，从高处远观整个湿地，让人通过建筑从新的角度来欣赏这个地方。这个概念非常出色，但可惜在细部设计上出了问题。主体建筑的屋顶边沿设了高高的铁网和围栏，以保障游客的安全，但这些铁网却严重阻碍旅客观看湿地，所以一直不太受欢迎。

为自然出力

湿地公园希望与自然融合，在建筑规划上下了工夫，在机电设计上也作出了配合。首先，湿地公园的访客中心利用地源热泵空调系统，这系统是由高密度聚乙烯管道组成，管道会埋藏在地下五十米深处，以润黏土和水泥浆包围。空调系统在制冷过程中所产生的热能会传送到温度比较低的泥土中，避免空调系统的热能传至四周的空气，而这系统也比较宁静，耗能较少，对环境的滋扰比传统的空调系统较轻微。

另外，绿化的屋顶也帮助降低小区的热岛效应，因为绿化的屋顶会吸收太阳光的热量，并且通过光合作用来为小区提供氧气。访客中心的中庭和洗手间都安装了天窗，充分利用天然光线，而洗手间更设置了风速感应器，以开动或关闭抽风系统，减低耗电量。除此之外，在湿地探索中心的高处安装了窗户以达至天然通气效果，观鸟屋亦安装太阳能光电板，为观鸟屋内的风扇提供电源，达至低碳建筑的要求。

仔雲南米線
花園餐廳
彩姿精品店
專營假髮舞會用品
WIGS COSTUMES

5.3 城市空间形态

中环天桥网络

旺角旧街道

油麻地果栏

香港仔避风塘

香港建筑一向以超高密度的发展模式闻名于世，但在这个密密麻麻的“水泥森林”内，隐藏着个性独特的公共空间。如中环的行人天桥网络，由海边的天星码头一直伸延至中环商业区核心部分，假若在中环街市搭乘行人扶手电梯往上行，便可直达中环半山区乾德道。

旺角的商业空间隐身于残旧大厦之内，所谓“酒香不怕巷子深”，再加上主题式街道林立，令旺角即使没有大量大型高级商场，仍能吸引世界各地的游客参观流连。而油麻地果栏则以密闭式的商业空间自成一国，于旺区边缘独立运作。仍遗留渔村风味的香港仔避风塘则以一个开放式的空间同时包容三种不同形态的生活模式。

pic.1 中环置地广场一带的商场间以天桥连接，形成一个商业核心区。

双层都市空间

中环行人天桥全长超过一公里，成为很多建筑师及城市规划师研究的课题。记得笔者在英国留学时，不少教授和建筑师都曾引用中环的天桥网络来探讨公共空间和公共网络的设计，当中包括诺曼·福斯特于二〇〇〇年在伦敦大学的演讲也曾提及。到底这个天桥网络有什么魅力？

这个天桥网络的出现，全因金钱利诱。中环金融区地皮价值高，但面积小，只适合作单幢商厦用途。大部分低层商厦的景观以内街为主，若作为办公室的话租值不高，故发展商倾向把首数层空间用作商场，较高的层数才作办公室。而且中环人流旺，临街的商铺很值钱，所以消费平台之上再加单座办公楼的综合发展模式便在区内流行起来。

不过，若以综合模式来发展的话，由于每幢商厦的商场面积有限，一个商场内可以提供的店铺选择并不多。于是，发展商尝试在商厦的二楼或三楼位置兴建天桥将商场互相连接，形成一个四通八达的购物网络。尤其是置地广场一带，天桥把四周的小型商场和置地广场连接起来，形成以置地广场为商业核心，然后一层一层延伸出商业网络 *pic.1*。而且，中环区内很多主要的商厦地皮及商场都是置地集团所拥有，平台连接后更加方便发展商合并管理，亦不会存

pic.2 交易广场一带天桥连接港铁站及各商厦之间，方便上班人士。

在太多业权上的争议。

发展商观察到这样的设计颇受欢迎。同一集团的商场网络互相连接，增加了店铺与店铺之间的联系，易于管理。顾客也可以完全不用走到室外，便能优游地从一个商场逛到另一个商场。天桥网络也方便办公楼的用户在夏天或雨季时，不必经过室外的“日晒雨淋”便能直达置地广场或历山大厦地下的中环港铁站。由于在中环上班的大多是银行、律师行和投资公司的员工，对上班穿高跟鞋的女士和西服革履的男士来说，一条不受风雨影响的通道是非常体贴的设计 *pic.2*。特别是在近海那边的怡和大厦（旧为康乐大厦）和交易广场上班的白领们，因为这些大厦在香港站未兴建之前离中环港铁站有过百米的距离，所以这些天桥经常人来人往，与天桥下繁忙的交通相映成趣。

相连的网络大幅提高了低层商场的人流量，令中环区商厦的租金进一步提升。位于第二层和三层的铺位租金提升至接近地铺的水平。而发展商亦可以更灵活地调动同一集团旗下的店铺而不会招致损失，这样便容许单一商户在有需要时能够在同一商场内租用更大的空间。因此，大家可以看到近年愈来愈多的国际品牌将他们的经营模式引入香港，在黄金地段的商场内建立面积大且货品齐全的旗

pic.3

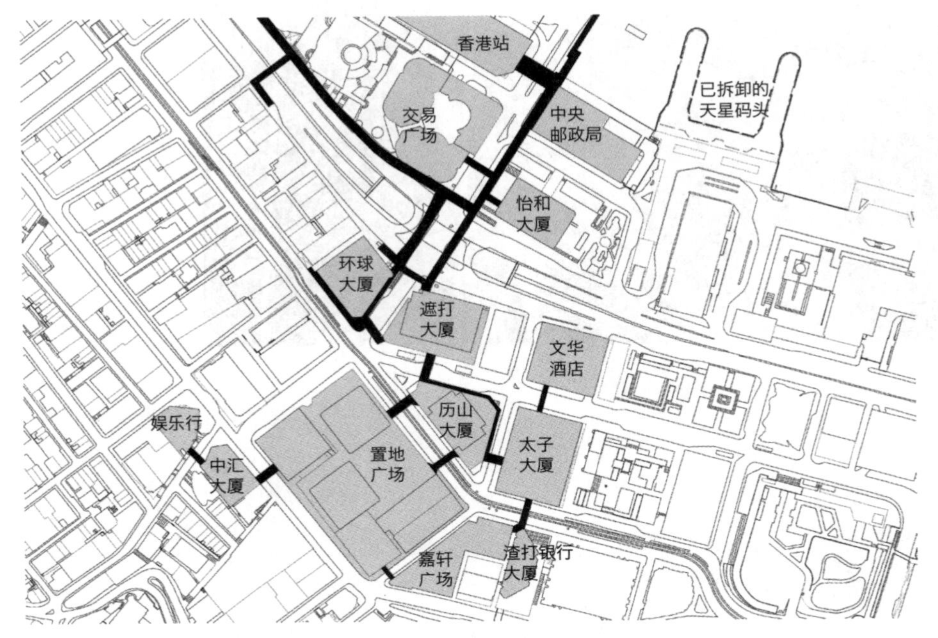

蓝色部分的天桥连接各商场及交通要点，形成庞大的上层商业网络。

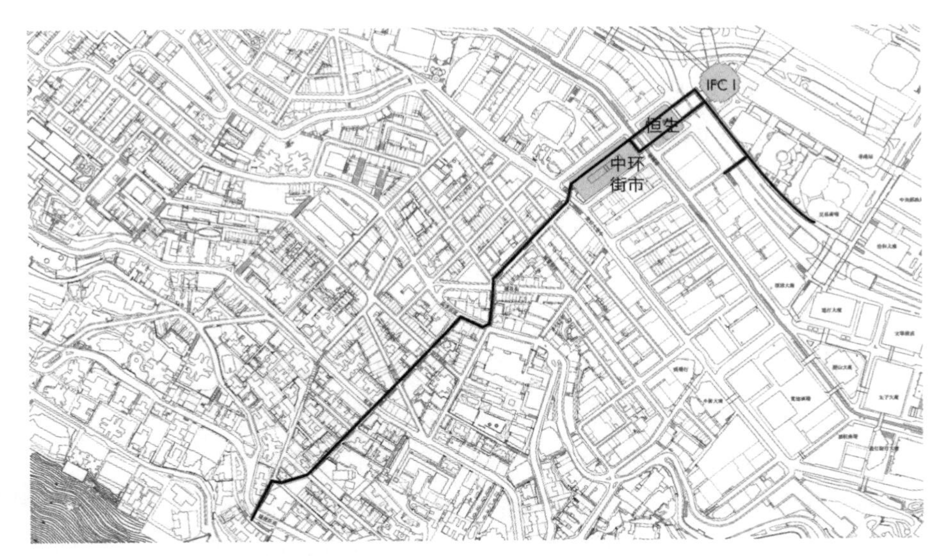

蓝色部分的天桥向半山乾德道方向延伸，方便半山区居民。

舰店，既能突出品牌个性，又能收宣传之效。对发展商而言，天桥网络无疑提升了商场的人流和商铺组合，亦大大提高了租金的收入，对营商者而言确是一个一举数得的好方案 *pic.3*。

除了增加区内商厦的商业价值，中环行人天桥网络的建造还有没有其他的考量？原来，这个网络亦连接了位于置地广场、环球大厦底部的中环地铁站和位于交易广场地面的巴士总站，加上海旁的天星码头及港外线码头，贯穿了区内主要的交通枢纽。而随着中环沿海地皮不断扩展，这网络亦进一步伸延至香港站和机场快线站。换句话说，这个网络连接了中环的海、陆、空交通网络 *pic.4*。

亦因为这个天桥网络非常有效地连接区内的大厦和运输系统，从而大幅减轻了地面道路的交通压力，并避免了人车争路的问题，改善了区内的交通情况。正因如此，政府也乐意豁免天桥的建筑面积以吸引发展商在区内继续延伸这个网络，并连接政府的天桥网络。现时的天桥网络由海旁的天星码头延伸至娱乐行，全长超过一千米，成为香港一道特别的风景。

由于这个升起了的天桥网络既有商业价值，亦有效地解决了区内的交通问题，故成为很多国外教授及建筑师研究的课题，并研究在其他地方的核心商业区内是否也可以利用这种天桥网络使都市空间运用更立体，同时能配合商业活动的发展。

中环区内虽然没有如九龙站上盖圆方的巨型商场平台，但是当这个天桥网络出现之后，连在一起的小型商场从经济效益的角度来看就有如一个巨型消费平台，而从商品的种类和商业面积来比较，其实两者也不相上下。不过，小平台的建筑群比巨型平台优胜之处，在于小平台可以为都市提供更多通风和采光的空间，相较之下引起的屏风效应和热岛效应亦较小。由于这种连接平台的商业模式相当成功，所以将军澳新市镇亦引用这种模式来发展。尤其在四周的土地都属于同一业权的情况下，大厦之间多数会以天桥连接平台部分，形成“没有街道的城市”。

pic.4 中环向半山区延伸的扶手电梯全长八百米，垂直差距一百三十五米，由二十条可转换方向的扶手电梯及三条自动行人道组成。

残旧建筑物之间的商业空间

旺角的核心商业区以西洋菜街、通菜街、花园街一带为主。这几条街道并没有迷人的景致，街道两旁更是建满了没有电梯的、七至九层楼高的旧式楼房。这个硬件背景却成就了香港多条成功的商业街，当中包括女人街、波鞋街、金鱼街、花墟、电器街、汽车维修街、模型街等。而这些街道内的小型商场亦成了个性化商品的集中地，如照相机、男士西装、音响、玩具、电脑广场等等。

这些特色的街道大多位于旧式大楼之间，当年建筑物的设计多以善用土地为首要条件，对商业的营运并没有太多的考虑。由于每幅地皮面积细小，只适合运用单幢物业的设计方式。而当年的地契和规划法例比较宽松，对商业楼宇和住宅楼宇的用地条款没有太大的限制，故旺角区内便出现了很多商住两用的大厦。另外，由于旺角核心商业区的业权很分散，尽管地段优越，但发展商想大量收购

pic.5

该区的地皮以进行大规模重建并不是一件容易的事，因此旺角区内至今仍留下很多旧式大楼。

这些旧式大楼由于日久失修，外观较为残旧，且空间细小，难以发展成大商铺。所以，尽管旺角地处九龙区的枢纽地段，交通网络四通八达，却难以吸引国际级大品牌进驻。正因为如此，才使得区内的基层商铺得以保留下来。再者，由于旺角区商铺的入场门槛和经营成本不算太高，令很多小型的个体户能长期留守该区并成为商业发展的主线，同时为该区居民提供价廉物美的产品和服务。特色街道的形成是由于最初的几间老字号在此营业多年后，慢慢吸引了其他的新店铺在附近开业，逐渐形成“成行成市”的效果，更发展成为该行业的龙头地段 *pic.5*。表面上这些店铺之间是竞争对手，但其实商铺的卖点各有不同，实际上是互补不足，继而进一步强化特色商业街的品牌效应。

旺角区内的建筑物本身价值并没特别提高，最多也只是首两层的商铺有价值提升，最大得益的反而是建筑物之间的空间（Negative Space），而整个小区的特色亦都在这无形的空间之内（Intangible Space）。特色街道的品牌效应随着年月的增长变得更为稳固，但是大厦上层的住宅则刚好相反。由于楼下街铺人气旺盛 *pic.6*，噪声问题也十分严重，令该区的居住环境变得更差，不少住宅单位改变成为楼上铺或楼下街铺的货仓，有些甚至变成色情场所或是长期空置，引来犯罪分子的觊觎。

由于此区的楼宇情况不佳，亦曾出现混凝土塌下的现象，所以市区重建局便决心重建这个地段。表面上来看，重建一个严重失修的旧区并没有太大的问题，但是楼下街铺的商业网络发展则是关键。重建后若由市建局统一发展的话，首数层的空间必然作大型商场之用，新落成的大型商场在硬件设计上和管理上都会达至现代甲级商场的水平，自然引来国际大品牌和连锁店的目光。而市建局或发展商亦倾向和这些大型商户合作，因为不单在租金收入方面有稳定的回报，营运和管理上也可以大大减轻发展商的工作。试想一下，商场的街铺由数间连锁快餐店组成或由数间茶餐厅组成，哪一种组合更整洁及易于管理？哪一些商户会有较稳定的营业额？

大厦的重建令街道的原有商业网络受到很大的破坏。因为在拆迁的初期很难为旧商户找到合适的地方让他们短暂营运，而重建后的建筑亦多数不会预留商铺来安置原有商户，就算有足够的空间亦未必会以旧租金租予个别商户 。如香港的雀仔街原设于旺角上海街，即现时朗豪坊的位置。这区进行重建时，沿街的雀仔摊档需要暂时停业，在雀仔街公园建成后才重新开业。但由于中途停业而导致固有的客源流失，而新建成的雀仔公园规模较原有的雀仔街小了不少，所以重建后的雀仔公园与旧雀仔街相比，无论是商户数目或人流量确实减少了许多。

从商业角度来看，发展商没有动机和责任去为保育商业街的原貌而放弃高昂的租金收入和整洁的营商环境。商业社会的运作从来都是物竞天择、适者生存。再者，一个社会亦没有理由牺牲这么

pic.6（右页）旺角花园街的低层是热闹的商业街，高层为残旧的唐楼。

莊香祥生福
馬維邦
跌打
骨科

pic.7

珍贵的土地资源，让一小群商户继续在他们的“小王国”里享受特殊的福利。任何形式的大规模重建都会严重破坏商业街原有的面貌，但是若只注重保育这几条“浑然天成”的商业街，便可能忽略了生活在楼上恶劣环境中的居民，很难达到保育与发展的平衡。

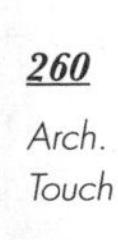

香港最大的临时建筑群

香港油麻地果栏虽然是位于九龙区闹市，但这个用铁皮屋和改装后的货柜所组成的建筑群组，与四周的其他建筑物表面上并没有直接联系，自成一国 *pic.7*。由于油麻地果栏的主要业务是水果批发，果栏内的建筑物以货仓、收发文件等简单办公为主，所以建筑物并不需要美轮美奂，亦不一定要有钢筋水泥的永久性建筑，即使以铁皮屋为主都没有问题。油麻地区作为旧区，区内的建筑物以旧唐楼居多，所以果栏内的铁皮屋建筑群与周围一众的混凝土建筑物形成了强烈的对比。

这些铁皮屋看似临时搭建，但其实是永久性的建筑，它们就这样在油麻地数十年，并成为香港独一无二的建筑群。其实自一九八〇年代开始，香港政府便决心清拆本港的临时房屋，而以铁皮屋为主的大型临时建筑群就只有港岛南区的薄扶林村和油麻地

pic.8

果栏。果栏的商户能够接受这种简陋的建筑是因为他们工作性质根本不需要很多配套设施，一个简单而整洁的装卸货空间，加上低营运和维修成本的工作平台，就已经达到果贩的要求。而且果栏营运年中无休，大型的重建工程必定严重影响他们的生计，再加上很难团结到百个商贩来共同重建这个小区，在各家自扫门前雪的心态下，大家便继续在这个临时工作环境中生活下去。

表面上看来，果栏的建筑群是相当开放的。但事实上，批发商通常会在零售商店营业前卸货并批发给小商户 *pic.8*，故果栏的营业时间主要由清晨四点至早上九点左右，而且场内的业务单一，果商的工作不太需要接触果栏以外的事务，如非行内人士，一般人不会进入果栏，因此他们的行动变得较为神秘。由于果商的交易大多在果栏内街处进行，所以整个果栏建筑群基本上是背向都市，黑黑实实的铁皮外墙为他们在都市内建立了自己的围城，而他们这种特殊的商业活动令这个围城变得更与世隔绝。

移动的空间

港岛南区的香港仔避风塘一边是香港仔的港湾部分，另一边是鸭脷洲。由于有鸭脷洲这个岛屿作天然屏障，香港仔的内湾只需在港口加上一前一后两个防波堤，

pic.9 避风塘近渔市场的一端为基层渔民的生活圈。

便成为一个理想的避风塘。

避风塘虽小但却能同时容纳两个极端社群，这两个社群同属水上居民，但以收入及生活水平而言则是天南地北。在近渔市场的一端主要是作业的渔船 ***pic.9***，属于基层，而在深湾游艇会的一端则是亿万富豪的游艇和船屋 ***pic.10***。

两个极端社群同时出现在同一个空间之内，除了因为避风塘提供泊位之外，还因为这里不远处便是中国南海水域，对作业的渔船来说自然是谋生场所，对富豪来说是洗涤烦嚣或作另类商务应酬的场所。而且这里离市区不远并邻近浅水湾和寿臣山一带的豪宅区，在此处出海十分方便。虽然是两个极端的社群，但是互不相干，各自精彩。

在传统的渔民社会中，渔民都以渔船为家。渔民之间表面上好像同行实如敌国，愈多渔船就愈多人争夺天然资源，但同时也需要靠紧密的网络来维持生活。渔船四周多数都没有围栏，小孩子容易掉入水中造成悲剧。所以渔船大都以三只或以上的方式并排在

pic.10 避风塘近游艇会的一端为千万豪宅和游艇的聚集地。

一起并互相连接，形成海上的平台，船上的大人可以互相帮忙照顾小孩。

在捕鱼作业中虽以渔民为主干，渔船有如一个独立个体，但是周边支援工种还包括批发商、买家、船家、维修船厂、运输船队车队、冰厂、加油船等。当渔船回程后，可能需要与运输船连接形成二元群体，停泊在渔市场的旁边形成漂浮的停顿群体。这个群组会随着时、地、人的需要而不停组合、拆散，然后再重组。

虽然香港仔还保留了全港最大型的渔民社群，但是渔业生意大不如前，由高峰期的一万艘渔船下降至四千多艘。随着本地年轻人渐渐退出务渔业，其他年轻的从业员大多来自内地，若本地渔民退休后，香港便可能只剩下从内地输入的渔民，本地渔民便可能从此绝迹。现时退役或非出海的渔民除了在南丫岛索罟湾经营渔排养殖海鱼，做批发的商贩之外，还在香港仔与鸭脷洲之间经营小艇和专为游客而设的观光舢板船队。

pic.11

平台的塔楼

巨型平台

圆方商场的商业空间在一幢幢大楼之下，犹如一个巨型蛋糕，插上一支支蜡烛，俗称”蛋糕楼”。

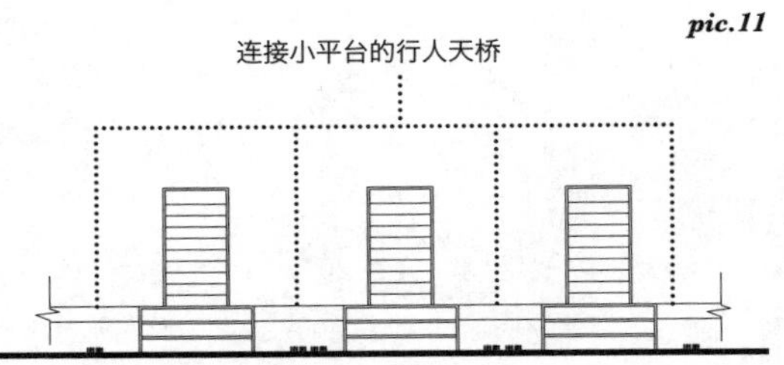

中环的行人天桥网络连接了不同的“小蛋糕”，并形成了第二层的空间。

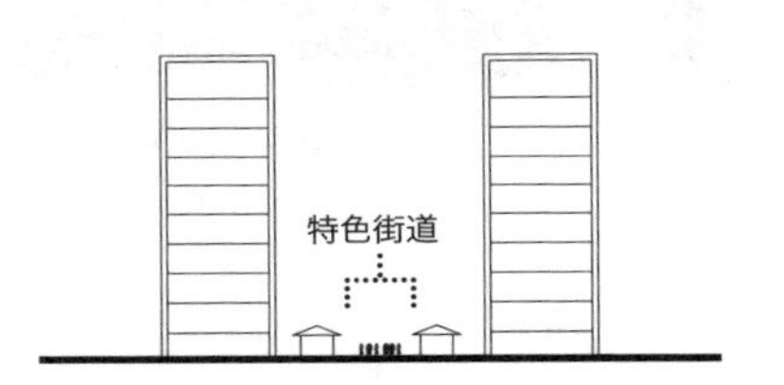

旺角旧楼之间的摊档组成特色商业空间。

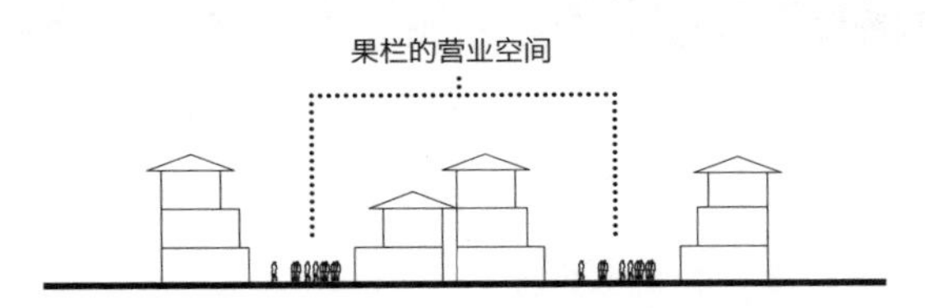

果栏的商业空间在铁皮屋之内，形成一个独立运作的神秘空间。

1_ 香港仔渔船如一个个独立个体，但在捕鱼回程后便需要与运输船连接形成二元群体。

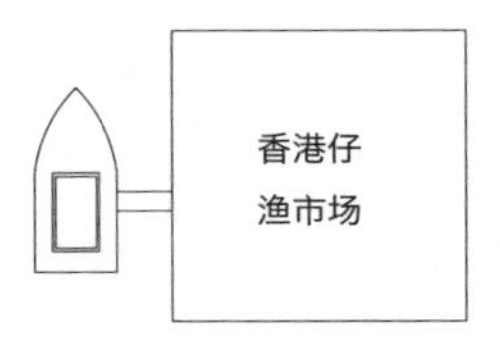

2_ 渔船与渔市场连接形成停顿与漂浮的群体。

3_ 渔船连接在一起形成水中大型生活平台。

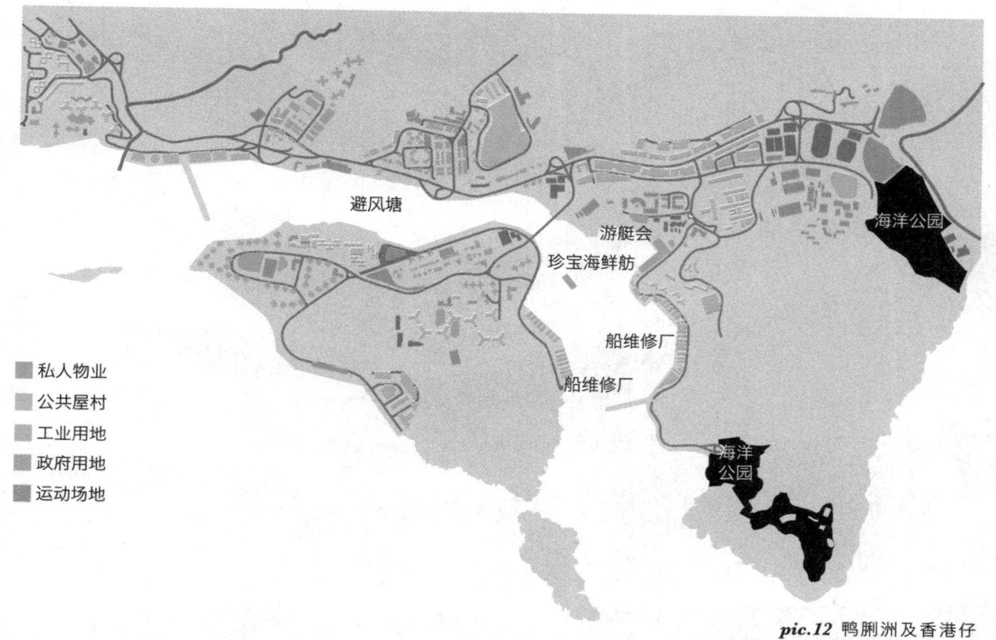

pic.12 鸭脷洲及香港仔间的地理形势形成得天独厚的海湾地带，令两个社群可共存。

这种观光舢板船队主要都是由年长渔民或妇女营运，主要的客户都是外地游客，这些游客除了希望了解渔民的生活，主要原因也是受珍宝海鲜舫吸引而到香港仔。珍宝海鲜舫自一九七六年开始已受中、外传媒关注，这船长七十六米、阔二十二米、高二十八米，楼高三层，可同时容纳超过两千三百名宾客，赢得“世界最大的海上食府”的美誉。

香港仔避风塘虽然是一个非常小的地方，但是当中包含了基层渔民和亿万富豪这两个极端的群组，但亦因珍宝海鲜舫和传统渔民生活形态而吸引了游客前往。表面上，三个不同的社群是不会有相互交叉的机会，但是因为三个核心建筑物同时出现在一个避风塘之内，而变成一个奇妙的建筑群组 *pic.11、12*。

CHAPTER 5

5.4
低成本的
环保公共屋村

华富村

香港的建筑一向被评为倒模式建筑，将一个小区的发展模式不断地复制至其他区，例如港岛南区公共屋村的户型与新界北区公共屋村的户型完全一样，只是外墙颜色不同。

复制模式令香港能够快速地发展成新市镇，其实也未必是一件坏事。

pic.1

以人为本的屋村格局

港岛南区的华富村是全港首批公共屋村之一 *pic.1*。由于原址为乱葬岗，建筑师要由零开始规划出一个大型住宅屋苑。当年刚毕业不久的建筑师廖本怀接下了这个建筑师梦寐以求的任务。

华富村分上下村。上村的户型由两个正方形组成天井屋，正方形对角相连，呈“8”字形，相连的位置便是电梯和楼梯 *pic.2*。这种格局令每个住宅都有自己的景观，避免与相邻住宅对望，亦增加住宅的采光度和通风度。而最特别的是，每一座大楼的转角位置都尽量对着其他大楼的转角，这样便可以避免有住宅的门窗正对尖角的情况出现，解除了中国人在风水上对角位的忌讳。这样的方位设计亦让大楼之间有更多的空间，楼望楼的情况虽然无法完全避免，但大楼之间至少保持二十米的距离 *pic.3、4*。

至于下村，虽然不是天井屋的格局，而是采用一字排开的长方形楼，但也尽量把楼与楼之间的距离拉开，以增加住宅的采光度。一字楼虽然看起来像屏风，但其实在电梯大堂和走火楼梯的位置都留有通风口，走廊的尽头也不是密封的，再加上大楼沿海而建，区内的通风程度相当理想，下村的大楼并没有造成屏风效应。而位于

pic.2 华富村上村为天井屋格局，两幢楼相连的地方是电梯和楼梯。

pic.3 华富村下村为长方形格局，楼与楼之间最少保持二十米距离，并沿海而建，通风良好。

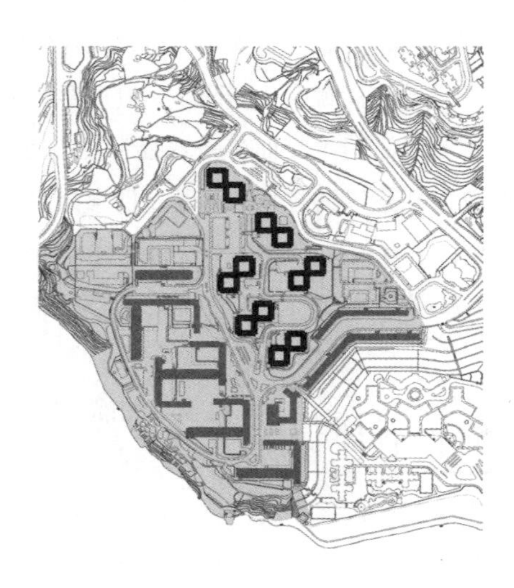

pic.4 华富村各座之间保持一定距离，而各座尖角位置亦不会指向其他相邻的大厦。

村口的华乐楼与华安楼，由于地处主要交通出入口，且楼宇之间的距离只有十五米，通风程度可能差一点。无论上下村都是以同一个户型倒模而成，但各座大楼前后交错，也因依山而建的地势关系而有高低错落的效果。

作为公共屋村，大部分居民都是来自草根阶层，而当时兴建大型屋村的目的是为了解决香港五六十年代人口急增的问题，所以住宅的面积控制在三十多至四十多平方米。这样小的住宅便是当时一家五口，甚至七口的生活空间。在如此狭窄的住宅里，如何规划出一个合理的生活空间呢？首先，把厨房和厕所放在靠外墙的一角（居民称这个空间为露台），在露台的一边总会有二至三米的通风空间。这样便可以把厕所的味道和厨房的油烟排出屋外，但同时可以为饭厅提供足够的阳光和通风，加上多数房间的阔度都是在十米之内，所以住宅里大部分的空间都有充足的采光。

由于室内空间有限，住宅内采用开放式的设计。当时的基层市民为谋生奔波，根本无暇考虑什么私隐问题。饭厅中设有数张双层床，有时甚至是坐在床上吃饭。家中不会有固定的饭桌，只有折叠桌和折叠椅。因此，这些地方在白天时是吃饭、活动的空间，晚上便变成睡房。整个平面布局唯一美中不足的地方就是垃圾房太过靠近电梯大堂和主入口，因此近年改建后，都尽量将主入口移离垃圾房。

虽然华富村的设计不能说是十全十美，但重要的是整个屋村规划和设计的重点都是以人为本，而不是着眼于投资回报方面。规划的重点在建筑的座向和建筑物之间的间距，理念简单，相当适合居住。时至今日，笔者仍有很多亲友在华富村居住，可见这个规划能够经历时间考验，而同一类的户型亦应用在何文田村。

低成本不等于不环保

现代建筑物除了注重设计，亦开始讲求环保。在大部分人的印象中，环保或绿色生活就好像需要用户付上昂贵的代价，但华富村的例子可以说明环保生活其实可以很简单并且低成本。

华富村的通风设计可以说是其建筑概念的精髓所在。七十年代的香港，家居空调尚未普及，一般的小市民根本不可能负担在家中安装空调的费用，即使是购买电风扇也需要考虑一番。因应居民的需求，屋村建筑就必须要有自然通风的设计。在华富上村大楼的中

pic.5 长方形的华富下村利用不密封的长走廊作为通风口。

pic.6 华富上村的天井可形成烟囱效应，空气流通。

间设置了十五米乘十五米的天井，除用作采光之外，每当高层的空气因阳光照射而受热膨胀时，热空气上升，从而把低层较冷的空气带至上层，形成对流，即是所谓的烟囱效应（Stack Effect）。

另外，电梯大堂、走廊两端的消防楼梯都是开放的，亦成为了每层重要的通风口 *pic.5、6*。很多住户在白天时通常只拉上铁闸打开木门，因为窗户和木门打开时，空气便可以穿过住宅，经过走廊和消防楼梯从而形成对流（Cross ventilation），再加上天井和烟囱效应的帮助，不需要使用空调也能带来凉风。屋村内的天井还有另一个非常重要的功能，它是村内孩子们的游乐场。由于公共屋村的环境始终品流复杂，家长一般都不会容许小孩到球场玩耍，所以天井的走廊和电梯大堂便自然成为孩子们玩乐的地方，并在此建立起邻里互助互信的关系。

由于华富村的硬件设计充分考虑了自然通风和采光，因此减少了住户对能源的需求，虽然未有完全使用到绿色能源，但这已经是四十多年前的低成本设计，在环保方面算是相当成功。

附录
INDEX

CHAPTER I | 建筑 + 工程设计

—

P.019 | 中国银行大厦

地址 | 香港花园道 1 号

建议参观方法 | 港铁中环站 K 出口

P.031 | 汇丰银行总行

地址 | 香港中环皇后大道中 1 号

建议参观方法 | 港铁中环站 K 出口

P.049 | 国际金融中心商场

地址 | 香港中环金融街 8 号

建议参观方法 | 港铁香港站 F 出口

P.059 | 花旗银行大厦

地址 | 香港花园道 3 号

建议参观方法 | 港铁中环站 K 出口

P.059 | 创兴银行中心

地址 | 香港德辅道中 24 号

建议参观方法 | 港铁中环站 C 出口，并沿德辅道中步行五分钟。

P.059 | 长江集团中心

地址 | 中环皇后大道中 2 号

建议参观方法 | 港铁中环站 K 出口

P.065 | 凌霄阁

网址 | http://www.thepeak.com.hk

地址 | 香港山顶道

建议参观方法 | 港铁中环站 J2 出口，然后沿花园道步行至圣约翰大厦的缆车总站，乘缆车至山顶。

开放时间 | 上午七时至晚上十二时

P.071 | 香港国际机场

网址 | http://www.hongkongairport.com

地址 | 香港大屿山翔天路 1 号

建议参观方法 | 在香港各区都有不同的机场巴士专线连接机场客运大楼，而最简单的方法便是乘机场快线至客运大楼。

P.085 | 香港会议展览中心

电话 | 2582 8888

网址 | http://www.hkcec.com/

地址 | 香港湾仔博览道 1 号

建议参观方法 | 港铁湾仔站 A2 出口并沿天桥步行至会议展览中心

P.085 | 海防博物馆

电话 | 2569 1500

网　址 | http://www.lcsd.gov.hk/ce/Museum/Coastal/b5/section1-1.php

地址 | 香港筲箕湾东喜道 175 号

建议参观方法 | 港铁至筲箕湾站 B2 出口，并沿指示牌步行十五分钟。

开放时间 | 三月至九月：上午十时至下午六时 | 十月至次年二月：上午十时至下午五时 | 逢星期四（公众假期除外）、农历新年初一及初二休馆

CHAPTER II | 建筑 + 人文生活

—

P.099 | 政府总部

地址 | 香港金钟添华道 1 号

建议参观方法 | 港铁金钟站 A 出口

P.099 | 立法会大楼

网址 | http://www.legco.gov.hk

地址 | 香港金钟添华道 2 号

建议参观方法 | 港铁金钟站 A 出口

开放时间 | 星期一至星期日上午八时至下午六时

P.099 | 旧政府总部

地址 | 香港中环下亚厘毕道

建议参观方法 | 港铁中环站 K 出口

P.109 | 赤柱市政大厦

地址 | 赤柱市场道 6 号

建议参观方法 | 港铁香港站 A1 出口，转乘城巴 6/6A/6X 或铜锣湾登龙街乘 40 号专线小巴。

P.109 | 西贡将军澳政府综合大楼

地址 | 西贡区将军澳坑口培成路 38 号

建议参观方法 | 港铁坑口站 B1 出口

P.117 | 香港文化中心

电话 | 2734 2009

网址 | http://www.hkculturalcentre.gov.hk/

地址 | 尖沙咀梳士巴利道 10 号

建议参观方法 | 港铁尖沙咀站 E 出口

开放时间 | 每日上午九时至晚上十一时

P.117 | 香港文化博物馆

电话 | 2180 8188

网址 | http://www.heritagemuseum.gov.hk/

地址 | 香港新界沙田文林路 1 号

建议参观方法 | 港铁车公庙站 A 出口步行约五分钟，或沙田站 A 出口步行约十五分钟。

开放时间 | 星期一、星期三至五：上午十时至下午六时 | 星期六、日及公众假期：上午十时至下午七时 | 圣诞节前夕及农历新年前夕：上午十时至下午五时 | 逢星期二（公众假期除外）及农历新年初一、初二休馆

P.117 | 香港中央图书馆

电话 | 3150 1234

网址 | http://www.hkcl.gov.hk/

地址 | 香港铜锣湾高士威道 66 号

建议参观方法 | 乘港铁至天后站 B 出口，并沿高士威道步行五分钟。

开放时间 | 星期一、二、四、五、六及日：上午十时至下午九时 | 星期三：下午一时至下午九时 | 公众假期：上午十时至下午七时

P.127 | 香港大学

电话 | 2859 2111

网址 | http://www.hku.hk

地址 | 香港薄扶林道

建议参观方法 | 港铁金钟站转乘 40 / 40M / 23 号巴士

P.127 | 英皇书院

网址 | http://www.kings.edu.hk/

地址 | 香港般咸道 63 号 A

建议参观方法 | 港铁金钟站转乘 40 / 40M / 23 号巴士

P.127 | 香港知专设计学院

电话 | 3928 2994（学院参观）

网址 | http://www.hkdi.edu.hk

地址 | 香港新界将军澳景岭路 3 号

建议参观方法 | 港铁调景岭站 A 出口

P.127 | 香港大学专业进修学院九龙东分校

电话 | 3762 2222

网址 | http://hkuspace.hku.hk/

地址 | 九龙湾宏开道 28 号

建议参观方法 | 港铁九龙湾站 B 出口

开放时间 | 星期一至五：上午八时半至下午七时半 | 星期六：上午八时半至下午五时半

P.141 | 沙田

建议参观方法 | 乘港铁至沙田或大围站

CHAPTER III | 建筑 + 历史宗教

—

P.149 | 西港城

电话 | 6029 2675

网址 | http://www.westernmarket.com.hk/

地址 | 香港中环德辅道中 323 号

建议参观方法 | 港铁上环站 B 出口，并沿德辅道中步行五分钟。

P.149 | 旧中环街市

网址 | http://www.centraloasis.org.hk/chi/home.aspx

地址 | 香港中环德辅道中 80 号

建议参观方法 | 港铁中环站 C 出口，然后沿德辅道中步行十分钟至域多利皇后街与租庇利街之间。

P.149 | 美利楼

地址 | 赤柱广场

建议参观方法 | 港铁香港站 A1 出口，转乘城巴 6/6A/6X 或铜锣湾登龙街乘 40 号专线小巴。

P.163 | 半岛酒店

网址 | http://www.peninsula.com/

地址 | 尖沙咀梳士巴利道 22 号

建议参观方法 | 港铁尖沙咀站 F 出口，并沿梳士巴利道步行五分钟。

P.163 | 1881 Heritage

网址 | http://www.1881heritage.com/

地址 | 尖沙咀广东道 2A 号

建议参观方法 | 港铁尖沙咀站 F 出口，并沿梳士巴利道步

行五分钟。

P.163 | 西营盘社区综合大楼
地址 | 香港高街 2 号
建议参观方法 | 港铁中环站转乘 4 号巴士至西营盘社区综合大楼。

P.171 | 旧立法会大楼
地址 | 中环昃臣道 8 号
建议参观方法 | 港铁中环站 K 出口

P.179 | 旧中区警署
地址 | 中环荷李活道 10 号
建议参观方法 | 港铁中环站 D1 出口，步行至威灵顿街，再于摆花街转入荷李活道。

P.185 | 圣母无原罪主教座堂
电话 | 2522 3677
网址 | http://www.catholic.org.hk/
地址 | 香港坚道 16 号
建议参观方法 | 金钟太古广场对出的巴士站处乘 23 号巴士。

P.185 | 圣约翰座堂
网址 | http://www.stjohnscathedral.org.hk
地址 | 香港花园道 4—8 号
建议参观方法 | 港铁中环站 K 出口

P.185 | 圣马利亚堂
电话 | 2576 1768
网址 | http://dhk.hkskh.org/stmary
地址 | 香港铜锣湾大坑道 2A
建议参观方法 | 港铁天后站 B 出口，并沿高士威道步行五分钟。

P.195 | 志莲净苑
电话 | 2354 1888
网址 | http://www.chilineldser.org/
地址 | 九龙钻石山志莲道 5 号
建议参观方法 | 港铁钻石山站 C2 出口，然后再沿志莲道步行至钻石山志莲净苑。

CHAPTER IV | 建筑 + 商业都市

P.203 | 合和中心
地址 | 香港湾仔皇后大道东 183 号
建议参观方法 | 港铁湾仔站 A3 出口，沿春园街步行至合和中心。

P.203 | 太古广场
网址 | http://www.pacificplace.com.hk/tc/
地址 | 香港湾仔皇后大道东 1 号
建议参观方法 | 港铁金钟站 F 出口

P.203 | 海港城
网址 | http://www.harbourcity.com.hk/landing.htm
地址 | 香港尖沙咀广东道
建议参观方法 | 港铁尖沙咀站 A1 出口

P.213 | apm
网址 | http://www.apm-millenniumcity.com
地址 | 九龙观塘道 418 号创纪之城五期
建议参观方法 | 港铁观塘站 A2 出口

P.213 | iSQUARE
网址 | http://www.harbourcity.com.hk/landing.htm
地址 | 香港尖沙咀广东道
建议参观方法 | 港铁尖沙咀站 H 出口

P.213 | 北京道一号
网址 | http://www.onepeking.com.hk
地址 | 九龙尖沙咀北京道 1 号
建议参观方法 | 港铁尖沙咀站 E 出口

P.213 | MegaBox
网址 | http://www.megabox.com.hk/
地址 | 九龙湾宏照道 38 号
建议参观方法 | 港铁九龙湾站 A 出口，步行至港铁总部大楼的公共运输交会处，转乘 MegaBox 的接驳专车。

P.221 | 圆方商场
网址 | http://www.elementshk.com
地址 | 九龙尖沙咀柯士甸道西 1 号
建议参观方法 | 港铁九龙站 C2 或 D2 出口

P.231 | 时代广场

网址 | http://www.timessquare.com.hk

地址 | 香港铜锣湾勿地臣街 1 号

建议参观方法 | 港铁铜锣湾站 A 出口

P.231 | 朗豪坊

网址 | http://www.langhamplace.com.hk

地址 | 九龙旺角亚皆老街 8 号

建议参观方法 | 港铁旺角站 C3 出口

CHAPTER V | 建筑 + 空间环境

–

P.241 | 钻石山火葬场

电话 | 2325 9996

网址 | http://www.fehd.gov.hk/tc_chi/cc/introduction.html

地址 | 蒲岗村道 199 号

建议参观方法 | 港铁钻石山站 C1 出口，然后再沿蒲岗村道步行至钻石山火葬场。

开放时间 | 上午八时三十分至下午六时

P.247 | 香港湿地公园

电话 | 3152 2666（一般查询）2617 5218（票务）

网址 | http://www.wetlandpark.gov.hk

地址 | 香港新界天水围湿地公园路

建议参观方法 | 港铁天水围站转乘轻铁 705 / 706 路线至湿地公园站。

票价 | 标准票 $30 | 优惠票（3 岁至 17 岁儿童、全日制学生、残疾人士及一名同行照料者、65 岁或以上长者）$15 | 3 岁以下儿童免费。

开放时间 | 星期一、星期三至星期日及公众假期：上午十时至下午五时 | 逢星期二：休息（公众假期除外）

P.253 | 女人街／波鞋街

建议参观方法 | 港铁旺角站 B3 出口

P.253 | 花墟／花园街／雀仔街

建议参观方法 | 港铁太子站 B1 出口

P.253 | 油麻地果栏

建议参观方法 | 港铁油麻地站 B2 出口，然后沿窝打老道步行五分钟。

P.253 | 香港仔渔村 / 珍宝海鲜舫

建议参观方法 | 港铁金钟站 D 出口，转乘 70 号巴士至香港仔。

P.269 | 华富村

建议参观方法 | 港铁中环站巴士总站乘 4 号或港铁金钟站巴士总站乘 40 号。

谨此向曾为此书提供协助
和意见的人士和机构致谢，
排名不分先后：

AGC Design Ltd.
吴永顺先生（Vincent Ng）
陈翠儿小姐（Corrin Chan）
Mr. Alex Lau
Ms. Tiffany Loo
陈家文先生
周爱华小姐
梁志伟先生
梁丽仙小姐
梁崇基先生
鲍俊杰先生
杨凤平小姐
方维理先生
岑翠盈女士
谢浩新先生
Mr. Riley Choi

图片提供＿

P86 皇后码头：Mr. Riley Choi（Yahoo Blog《歪哥记事簿》）
P155 中环”漂浮绿洲”设计图：AGC Design Limited.
P173 立法会最后一夜：方维理先生

图书在版编目（CIP）数据

筑觉：阅读香港建筑 / 建筑游人 / 著 建筑游人 陈润智 / 摄. -- 北京：生活·读书·新知三联书店，2015.8
ISBN 978-7-108-05187-5
Ⅰ.①筑 Ⅱ.①建 Ⅲ.①建筑艺术－香港－图集
Ⅳ.①TU-881.2

中国版本图书馆 CIP 数据核字 (2014) 第 282632 号

责任编辑 石雅如
书籍设计 typo_d

出版发行 生活·讀書·新知三联书店
北京市东城区美术馆东街 22 号
邮编：100010
电话：010-64001122-3073
传真：010-64002729

经销 新华书店

印刷 北京信彩瑞禾印刷厂
版次 2015 年 8 月北京第 1 版
2015 年 8 月北京第 1 次印刷
开本 170mm × 230mm 1/16
印张 17.5
字数 100 千字
印数 3000 册

ISBN 978-7-108-05187-5

定价 78.00 元